LES LAMPES ÉLECTRIQUES

ET LEURS ACCESSOIRES

BIBLIOTHÈQUE DES ACTUALITÉS INDUSTRIELLES
— N° 4 —

LES
LAMPES ÉLECTRIQUES

ET LEURS ACCESSOIRES

PAR LE Dr ALFRED D'URBANITZKY

ÉDITION FRANÇAISE

PAR GEORGES FOURNIER

Ingénieur-électricien

Avec 96 figures dans le texte.

PARIS

BERNARD TIGNOL, ÉDITEUR

45, QUAI DES GRANDS-AUGUSTINS

1885

PRÉFACE

Au commencement du XIX⁰ siècle, Davy découvrait l'arc voltaïque; vers le milieu du même siècle, Siemens inventait la bobine longitudinale et environ dix ans après il trouvait le principe dynamique; enfin, quelques années plus tard, Pacinoti faisait son armature circulaire suivie bientôt de la machine de Gramme. Tranquillement et sans attirer sur elle grande attention, la lumière électrique traversait ainsi les premières phases de son existence.

Puis eut lieu l'exposition internationale d'électricité de Paris, et pour la première fois se déroula avec une abondance étonnante, l'image complète de tout ce que la science électrique avait produit jusqu'à ce jour. Cette exposition restera toujours comme une date remarquable dans l'histoire de la science.

De ce jour date aussi une nouvelle époque dans notre système d'éclairage. Innombrables, impétueuses, pareilles aux vagues d'un torrent tumultueux, les inventions succèdent aux inventions. Nous assistons actuellement à une lutte des plus violentes entre la lumière du gaz et l'éclairage électrique. Les électriciens nous apportent chaque jour de nouvelles lampes, de nouvelles dispositions de machines à lumière, de nouvelles applications de la lumière électrique : les ingénieurs du gaz cherchent par les moyens les plus divers à augmenter le pouvoir éclairant du gaz, à améliorer les anciens brûleurs, à en créer de nouveaux ; on est véritablement tenté, de reconnaître entre tous à la lumière électrique cet avantage, c'est que partout où elle se montre ou fait mine de se montrer, le gaz double aussitôt sa lumière. D'un côté les gaziers s'ingénient à augmenter le pouvoir éclairant des brûleurs, tandis que de l'autre les électriciens font les plus grands efforts pour diviser la masse de lumière que peut produire une machine.

L'accord est cependant loin de régner dans le camp des électriciens, et les divisions y sont nombreuses. — Ici résonne le cri de guerre : *Lumière à incandescence*, la *Lumière à arc* : d'un côté, *Courants alternatifs*, de l'autre, *Courants continus* : et chacun revendique pour son compte l'avenir de la lumière électrique. Chaque pays, chaque société, chaque inventeur possède la meilleure lampe. En estimant à mille le nombre des lampes brevetées dans les divers pays, on est sans doute au-dessous de la vérité.

Une brochure parue l'an dernier à Paris donne le chiffre imposant de six cents brevets pris en France rien que pour la construction de lampes électriques.

Trier la paille et le grain n'est pas ici mince affaire, et qui pourrait d'une main sûre, dans une période aussi agitée, séparer le bon du moins bon et du mauvais?

Quant à moi je me contenterai d'apporter ici quelques matériaux pour aider à la construction de ce nouveau et puissant édifice; je ne saurais cependant les empiler au hasard : je tâcherai donc d'y mettre un peu d'ordre et de ne point laisser les poutres mêlées avec les pierres et les tuiles avec le mortier.

Le classement des lampes en groupes spéciaux offre cependant pour leur examen des difficultés nombreuses;

par contre, leur division en lampes à courants alternatifs et en lampes à courant continu présente une différence trop peu sensible : l'accroissement ou la diminution du diamètre d'une roue pouvant suffire parfois
pour rendre la lampe propre à l'emploi de l'un ou l'autre
courant. Il en eut été de même dans la division par
lampes isolées et par lampes accouplées, qui ne diffèrent
presque toutes que par le remplacement d'un ressort
par un solénoïde simple ou double. Décrire les lampes
à la suite les unes des autres et sans aucune division
en aurait rendu l'examen trop difficile ; j'ai donc choisi
le premier mode qui, sans être cependant sans défaut,
vaut mieux encore que de ne donner aucun classement.

C'est en se plaçant à ce point de vue que je prie le
lecteur de juger cet ouvrage avec bienveillance, consi-
dérant mon but comme atteint, si j'ai réussi à stimuler
en lui quelque goût pour l'étude de cette nouvelle et
intéressante branche de la science que l'on nomme
l'Électricité.

Dr A. D'URBANITZKY.

PRÉFACE DU TRADUCTEUR

Depuis la publication originale de cet ouvrage, les appareils qui servent à produire la lumière électrique n'ont guère reçu de perfectionnement qui mérite une mention spéciale. Le nombre des brevets pris dans tous les pays a été cependant considérable, surtout en ce qui concerne les lampes électriques à incandescence dans le vide, mais les points sur lesquels ils reposent ne constituent que des différences ou des moyens spéciaux de construction qui n'offriraient que peu d'attrait pour nos lecteurs. Nous avons fait toutefois une exception en faveur de la lampe Gérard dont la fabrication des charbons diffère de celle employée jusqu'à ce jour par les fabricants de Lampes à incandescence dans le vide et le lecteur en trouvera la description dans l'appendice qui se trouve à la fin de ce volume. Il y trouvera également quelques renseignements sur de nouvelles lampes à incandescence à l'air libre imaginées par M. Emile Reynier et enfin une note détaillée sur le fonctionnement du régulateur Gramme, le plus répandu et nous n'hésitons pas à le dire le meilleur des régulateurs existant.

Georges FOURNIER.

TABLE DES MATIÈRES

TABLE DES GRAVURES

UNITÉS ÉLECTRIQUES

Unités qui servent aux mesures électriques.

I. Les unités absolues ou C. G. S. (centimètre-gramme-seconde)
sont :

1. *Unité de longueur* : 1 centimètre.

2. *Unité de temps* : 1 seconde.

3. *Unité de force* : c'est la force qui, agissant sur la masse de 1 gramme pendant une seconde, lui imprime une vitesse de 1 centimètre par seconde.

4. *L'unité de travail* est le travail produit par l'unité de force agissant sur une distance de 1 centimètre. Cette unité est à Paris de 0,00101915 centimètre-gramme, ou en d'autres termes, pour élever un gramme à un centimètre de hauteur, il faut 980,868 unités de force.

5. *L'unité de quantité électrique* est la quantité d'électricité qui développe une force égale à l'unité de force sur une quantité égale éloignée d'un centimètre.

6. *L'unité de potentiel ou de force électromotrice* existe entre deux points, lorsque l'unité de quantité électrique, dans son mouvement d'un point à un autre, a besoin de l'unité de force pour vaincre la résistance électrique.

7. *L'unité de résistance* est l'unité qui ne laisse passer en une seconde qu'une unité de quantité entre deux points entre lesquels existe l'unité de potentiel.

II. *Unités pratiques des mesures électriques.*

1. Le weber, unité de quantité magnétique $= 10^8$ unités C. G. S.

2. L'ohm [1],   —   de résistance $= 10^9$ —   —

---

[1] Un ohm est à peu de chose près égal à la résistance d'un fil de cuivre pur de 48 mètres 5 de longueur sur 1 mm. de diamètre, à une température de 0° C.

3. Le volt [1], unité de force électromotrice $= 10^8$ unités C. G. S.
4. L'ampère [2],   —   d'intensité $= 10^1$ —   —
5. Le coulomb,   —   de quantité $= 10^1$ —   —
6. Le watt [3],   —   de force $= 10^7$ —   —
7. Le farad,   —   de capacité $= 10^9$ —   —

1) Un volt est de 5 à 10 °/₀ inférieur à la force électromotrice d'un élément Daniell.

2) Le courant capable avec l'unité de force électromotrice, de vaincre l'unité de résistance pendant une seconde $= 1$ amp.

3) 1 watt $= 1$ Ampère $\times$ Volt ;

$$1 \text{ horsepower} = \frac{\text{amp.} \times \text{volt}}{746} ;$$

$$1 \text{ cheval-vapeur} = \frac{\text{amp} \times \text{volt}}{735}.$$

CHAPITRE Ier

Théorie de la lumière à incandescence.

La lumière électrique, quel que soit le mode que l'on emploie pour la produire, a toujours pour origine la transformation de l'électricité en chaleur. Déjà, peu de temps après la découverte de la pile voltaïque (par Volta, en l'an 1800), on avait remarqué qu'un fil mince de métal, intercalé dans le circuit d'une batterie galvanique, s'échauffe rapidement dans de certaines conditions et peut même arriver à l'incandescence et à la fusion. Davy démontra en effet que, dans des conditions identiques, il se produit un échauffement d'autant plus grand que plus grande est la résistance que le conducteur intercalé oppose au passage du courant électrique. Ce fut Joule qui étudia le premier ce phénomène, et ses études lui permirent de formuler cette loi qui porte son nom : *La quantité de chaleur dégagée pendant un temps donné dans un conducteur est proportionnelle à la résistance du conducteur et au carré de l'intensité du courant.* Par conséquent, si la quantité de chaleur dégagée dans l'unité de la longueur du circuit $= h$, la résistance totale $= r$, l'intensité du courant $= i$, la quantité de chaleur H dégagée dans le temps t est exprimée par l'équation

$$H = h\,r\,i^2\,t$$

Pourvu que le courant électrique n'ait dans un circuit donné aucun autre travail à fournir (comme celui d'une décomposition chimique, par exemple), l'électricité sera totalement transformée en chaleur. Le travail fourni dans l'unité de temps, la quantité de chaleur produite $\frac{H}{ht}$ que nous désignerons à l'avenir, par abréviation, par W, donne l'équation

$$W = i^2 . r . \qquad (1)$$

La loi d'Ohm, qui exprime les rapports entre la force électromotrice, la résistance et la force des courants s'exprime ainsi : *L'intensité d'un courant (i) est proportionnelle à la force électromotrice (e) et inversement proportionnelle à la résistance (r) du circuit; la résistance d'un circuit est proportionnelle à sa longueur (l) et à la résistance spécifique (a) du corps dont il est composé et inversement proportionnelle à sa section (s)* [1].

1. En ce qui concerne la définition exacte des expressions : Résistance, Force du courant, Force électromotrice, il faut consulter soit un ouvrage de physique, soit le volume de cette bibliothèque qui traite de l'enseignement de l'Electricité. Pour comprendre les explications ci-dessus indiquées, il suffit du reste de se rapporter aux relations semblables de l'hydraulique. Quand on fait couler l'eau d'un réservoir par un tuyau de conduite, il faut tenir compte des circonstances suivantes : la distance verticale du niveau extérieur de l'eau au point d'ouverture de l'écoulement, la quantité d'eau qui s'écoule, et le frottement de l'eau dans la conduite. La hauteur entre le niveau extérieur de l'eau et le point d'ouverture de l'écoulement donne la mesure de la pression sous laquelle l'eau s'écoule et a une influence absolue sur la quantité d'eau écoulée par la conduite: il est clair, en effet, qu'avec une pression plus forte il y aura une vitesse d'écoulement plus grande et que, par conséquent, à égale section transversale de la conduite d'écoulement, il y aura dans le même temps une quantité d'eau écoulée d'autant plus grande que la pression sera plus forte, et inversement une quantité d'eau écoulée d'autant moindre que la pression sera plus faible. Cette quantité d'eau écoulée dépendra également du frottement de l'eau dans la conduite; car plus le frottement sera grand entre l'eau et les parois de la conduite, plus la marche de

On a donc

$$i = \frac{e}{r} \qquad (2)$$

et

$$r = \frac{la}{s} \qquad (3)$$

Si nous introduisons dans l'équation (1) la valeur de i obtenu par la loi d'Ohm, nous aurons l'équation

$$W = \frac{e^2}{r^2}. \quad \text{ou} \quad W = \frac{e^2}{r} \qquad (4)$$

L'équation (2) montre que l'intensité d'un courant électrique est égale dans toutes les parties du circuit ; mais l'équation (1) nous fait connaitre que la quantité de chaleur produite par le courant, si l'intensité reste la même, dépend seulement de la résistance du con-ducteur et augmente ou diminue avec celle-ci, et qu'avec des résistances diverses dans certaines parties du circuit, le plus grand développement de chaleur se produira sur les points isolés où existera la plus grande resistance ; quant à l'équation (4), elle démontre qu'avec une force électromotrice constante, c'est-à-dire une source d'électricité constante, la quantité de chaleur produite est en proportion inverse de la résistance totale du circuit.

l'eau dans les tuyaux sera retardée. Ce frottement sera d'autant plus grand que la conduite sera plus longue et sa section moindre.

L'application de ces principes peut être faite au courant électrique, si l'on prend comme pression, la force électromotrice aux pôles de la machine — comme quantité d'eau, l'intensité du courant électrique — et comme résistance de la conduite d'eau, la résistance du circuit. Il faut remarquer pour cette dernière que la résistance dépend non seulement de ses propriétés physiques ainsi que de ses dimensions et de sa température, mais encore de sa constitution chimique, qui possède une résistance propre à laquelle on a donné le nom de résistance spécifique du conducteur.

Ces équations (1-2-3 et 4) nous donnent les règles fondamentales de la production de la lumière électrique. Il ne s'agit, en effet, ici que de transformer en chaleur, le plus complètement possible et seulement à des points déterminés du circuit (c'est-à-dire dans les lampes), le courant fourni par une source d'électricité quelconque. Pour obtenir ce résultat, il faut observer ce qui suit :

1. Rendre aussi petite que possible la résistance totale du circuit, ainsi que la somme des résistances du producteur d'électricité, des conducteurs et des lampes, d'après l'équation $W = \dfrac{e^2}{r}$ parce qu'alors la valeur W (c'est-à-dire la quantité de chaleur développée) deviendra aussi grande que possible [1].

2. Partager les résistances des diverses parties du circuit de façon à ce que la résistance la plus grande se produise à des endroits déterminés (dans les lampes) et que, dans les autres parties du circuit, elle soit aussi réduite que possible, parce que la production de chaleur dans ces parties ne peut être qu'inutile, et que, d'après l'équation $W = i^2 r$, la quantité de chaleur produite, dans des conditions d'ailleurs identiques, se manifeste avec le plus de force sur les points les plus résistants du circuit.

3. Obtenir au point voulu la plus grande résistance possible, et à cet effet choisir pour cette partie du circuit un corps qui possède une grande résistance spécifique [2],

---

1. On suppose ici naturellement que la force électromotrice e est invariable, c'est-à-dire que la source d'électricité est constante. Cette supposition a été faite pour n'avoir pas à revenir sur les moyens de produire l'électricité qui font l'objet d'un volume spécial, *Les Piles Électriques*.

2. Dans les lampes à incandescence on n'emploie plus de fils métalliques, mais des filaments de charbon, parce que la résistance spécifique de ces derniers est bien plus considérable.

sur une section transversale aussi petite que possible, car l'équation $r = \dfrac{la}{s}$ nous fait connaître que la résistance r devient alors aussi grande que possible; la longueur t peut en pratique n'avoir qu'une faible dimension;

4. Éviter autant que possible toute perte de chaleur par contact au point (lampe) où doit se produire la lumière, car la température d'un corps dépend non seulement de la quantité de chaleur que l'on y fait naître, mais encore de celle qu'il peut dans un temps déterminé abandonner aux matières qui l'environnent [1].

---

1. Il est par conséquent plus avantageux de faire le vide dans les enveloppes de verre que de les remplir avec des matières hydrocarburées, qui conduisent mieux la chaleur que le vide que l'on y pratique aujourd'hui.

CHAPITRE II

Théorie de l'arc voltaïque.

Les explications théoriques données plus haut ne s'appliquent pas seulement à la production de la lumière électrique par incandescence, c'est-à-dire dans un circuit non interrompu, mais elles fournissent encore pour la production de la lumière par l'arc voltaïque des points de ressemblance importants. Dans celle-ci comme dans l'autre il n'y a point en effet interruption dans le circuit, mais simplement un point de très mauvaise conductibilité (de l'air et des particules de charbons incandescentes). Il ne faut pas oublier cependant que la résistance que l'arc voltaïque, en sa qualité de mauvais conducteur, oppose au passage du courant, n'est qu'une faible partie de l'obstacle que rencontre ici le courant électrique, et que la plus grande résistance provient de la contre-force électromotrice qui se produit dans l'arc lui-même (voir page 9).

Sir Humphry Davy ayant, dans ses recherches électro-chimiques au moyen d'une batterie de 2,000 éléments, séparé l'un de l'autre les pôles formés par des petits bâtons de charbon qui s'étaient rejoints accidentellement, découvrit l'arc voltaïque. Il put maintenir l'arc en éloignant les charbons les uns des autres jusqu'à 10 cent., et sous la cloche d'une machine pneumatique, après raréfaction de l'air à 6 mm. de la colonne de

mercure, il put le porter jusqu'à la longueur de 18 cent.
Depuis ce jour l'arc voltaïque n'a cessé d'être l'objet
d'expériences répétées.

Depretz remarqua que la longueur de l'arc croît plus
vite que le nombre des élé-
ments employés à le pro-
duire, que cet accroisse-
ment est plus prononcé pour
les petits arcs que pour les
grands, et que l'arc vol-
taïque est plus long si le
pôle positif se trouve en
haut.

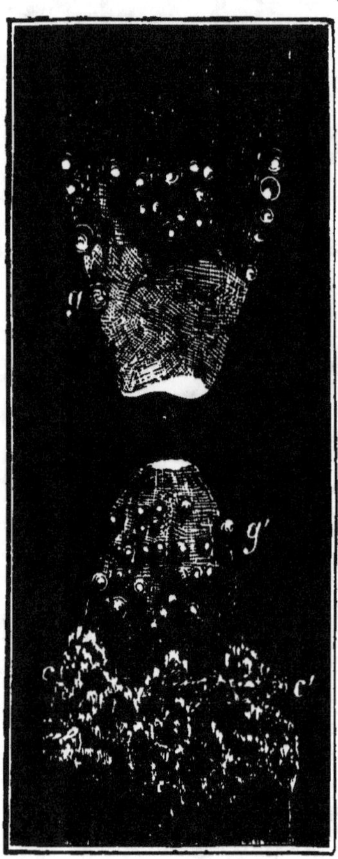

Fig. 1.

Quand, au moyen d'une
lentille grossissante, on
produit une image de l'arc
voltaïque (figure 1), on remarque, si l'on emploie pour
sa production des courants
continus, que les deux
charbons prennent, peu de
temps après la naissance de
l'arc, un aspect différent l'un
de l'autre. L'électrode positive se creuse en forme de
cratère et forme un petit soleil qui rayonne à 65 0/0 la
totalité de sa lumière dans
les directions qui se rapportent à la voûte du cratère, l'électrode négative se taille presque en forme
de pointe et envoie par conséquent ses rayons lumineux dans toutes les directions. Sur les deux charbons
apparaissent des globules incandescents g qui pro-
viennent des substances minérales du charbon. Ces

globules n'apparaissent pas lorsque les charbons sont chimiquement purs.

Quand l'arc se produit dans l'air, les charbons diminuent rapidement de volume et le charbon positif environ le double plus vite que le négatif. Dans le vide, au contraire, l'usure est presque nulle; la pointe négative se creuse et diminue de volume, tandis que la pointe positive s'allonge.

Si on emploie pour la production de l'arc voltaïque des courants dits alternatifs, c'est-à-dire des courants dont la direction change continuellement, les deux charbons brûlent également : ils restent plus ou moins pointus et répandent par conséquent tous les deux la même quantité de lumière.

Ainsi que nous l'avons fait observer (page 7), il ne suffit pas de considérer l'arc voltaïque comme un conducteur de haute résistance, car il se développe dans l'arc lui-même une contre-force électromotrice qui est opposée à celle du courant qui le produit. Pour vaincre la résistance du conducteur et cette contre-force électromotrice, la source d'électricité doit fournir un courant d'une certaine intensité; on ne peut donc pas produire l'arc voltaïque au moyen d'un seul élément, quel qu'en soit le volume, parce que, par suite de la grande résistance du circuit, l'intensité du courant nécessaire ne peut être atteinte que par l'augmentation du nombre des éléments. En effet, d'après la loi d'Ohm, on a pour un élément, l'intensité du courant

$$i = \frac{e}{r + r^1} \tag{1}$$

si l'on représente par e la force électromotrice, par r^1 la résistance de l'arc voltaïque et par r la résistance totale du circuit. Pour un nombre de n éléments, on obtient

$$i^1 = \frac{ne}{nr + r^1}.$$

Comme la résistance r est très petite par rapport à r^1, on peut aussi écrire

$$i = \frac{e}{r^1} \quad \text{et} \quad i^1 = \frac{ne}{r^1},$$

d'où il suit :

$$i^1 = ni.$$

Mais si on remplace un élément par un autre ayant des plaques d'une surface n fois plus grande, on obtient l'équation

$$i^1 = \frac{e}{\dfrac{r}{n} + r^1} = \frac{ne}{r + nr^1},$$

et comme r est très petit par rapport à r^1

$$i^1 = \frac{ne}{nr^1} = \frac{c}{r^1},$$

l'équation (1) se transforme par suite en

$$i = \frac{e}{r^1} \quad \text{ou} \quad i = i^1,$$

d'où l'on voit que l'intensité ne peut pas être augmentée par l'accroissement de la surface des plaques qui composent les éléments. Dans l'utilisation de ces remarques à la production de l'arc voltaïque au moyen de courants provenant de machines électriques, il faut donc appliquer n non seulement au nombre des éléments d'une pile, mais encore au nombre des tours de fils qui enroulent l'anneau et qui traversent le champ magnétique dans un temps déterminé.

L'intensité du courant d'une machine qui a à vaincre une grande résistance extérieure peut être accrue en effet soit par l'augmentation du nombre de tours des fils qui garnissent l'anneau, soit par une rotation plus rapide de la machine, mais jamais par un accroissement de force des aimants.

Quant à la résistance de l'arc voltaïque, on lui attribue diverses grandeurs : Siemens l'évalue à 1 unité Siemens; Schellen de 30 à 40, Hagenbach trouva dans l'emploi d'un régulateur de Serrin une résistance de 4,75 U. S.

L'évaluation de Siemens ne peut s'admettre que pour des foyers isolés d'une grande puissance, tandis que, d'après les évaluations d'Uppenborn, on peut estimer la résistance des foyers électriques ordinaires à 2 U. S, et celle des petits foyers divisés à 4 U. S; quant à la force électromotrice de polarisation des électrodes de charbon (la contre-force électromotrice), elle peut atteindre environ 30 volts.

La puissance lumineuse de l'arc voltaïque a été mesurée par Foucault et Fizeau ; ils ont trouvé qu'en prenant l'intensité de la lumière du soleil pour unité, celle de la lumière électrique $= 0,5$, la lumière oxydrique de Drummond $= 0,0066$ et celle de la lune $= 0,000003$ de l'intensité de la lumière solaire. La puissance lumineuse de l'arc voltaïque dépend, dans des circonstances d'ailleurs identiques, de la longueur de l'arc; elle varie de 547 à 1,140 bougies pour un arc de 1 à 5 mm.; en pratique on emploie souvent des arcs de 3 mm. ayant une puissance lumineuse de 874 bougies[1]. La direction des rayons lumineux est importante dans

---

1. 7, 6 bougies allemandes $= 1$ bec carcel de France. Note du traducteur.

la pratique : tandis que, par l'emploi de charbons disposés verticalement les uns sur les autres et de courants continus, la plus grande partie de la lumière émanant du cratère formé par le charbon positif ne peut avoir qu'une limite restreinte de direction, l'arc, produit au contraire avec une disposition de charbons semblable, mais au moyen de courants alternatifs, envoie sa lumière de tous les côtés d'une manière uniforme. L'emploi de bougies électriques permet également de diriger les rayons de la masse de la lumière sur des endroits déterminés. (Des détails plus précis sur ces relations se trouvent dans le volume de la bibliothèque des actualités industrielles qui traite des installations d'éclairage électrique.)

Du développement d'une lumière aussi puissante que celle de l'arc voltaïque résulte naturellement la production d'une température très élevée. Rosetti, en employant une batterie Bunsen de 160 éléments et une lampe de Dubosq, a constaté une température de 2,500 à 3,900° C entre les deux pointes de charbon. Le charbon positif avait 2,400 à 3,900° C et le négatif 2,138 à 2,530° C. L'arc produit avec 8 à 10 éléments Bunsen dans une lampe Reynier atteint au charbon positif une température de 2,406 à 2,734° C. Si, malgré ces chiffres si élevés, on donne cependant la préférence à la lumière électrique, pour éviter une élévation de température dans les appartements, c'est que, par rapport aux autres lumières, le rayonnement de la chaleur produite par l'arc voltaïque est infiniment petit.

Siemens a trouvé qu'un arc ayant une puissance lumineuse de 4,000 bougies ne produit que 142,5 unités de chaleur par minute [1].

---

1. Une unité de chaleur est égale à la quantité de chaleur nécessaire pour échauffer de un degré C. un kilog. d'eau.

Pour produire au moyen du gaz une lumière équivalente, il faudrait 200 brûleurs Argand qui donneraient dans le même temps 15,000 unités de chaleur. A lumière égale, la lumière électrique n'engendre donc qu'environ 1 0/0 de la chaleur produite par le gaz.

On obtient des indications importantes sur la nature de l'arc voltaïque lorsqu'on observe ce qui se passe en employant des électrodes de nature différente. On remarque que plus la matière de l'électrode est légère, plus l'arc voltaïque prend facilement naissance. Il est difficile à produire entre des électrodes de platine, moins difficile avec des métaux légers comme le zinc par exemple; on obtient l'arc le plus long en employant des charbons imprégnés d'une légère solution saline. Casselmann avec 44 éléments Bunsen obtint un arc d'une longueur de 4 1/2 mm. en employant des pointes de charbon brut, et un arc d'une longueur double avec des charbons imprégnés d'une dissolution de sel de potasse. Cette manière de se comporter de l'arc démontre donc que l'on doit attribuer son existence à un entraînement continu de particules incandescentes provenant des électrodes. Un examen plus attentif des charbons montre en effet que le charbon positif diminue sensiblement plus vite que le négatif, et même que ce dernier augmente si l'arc se produit dans une atmosphère renfermant des gaz où les particules de charbon ne peuvent se brûler.

L'arc voltaïque est donc formé par un courant continu de particules incandescentes provenant des électrodes, qui se dirigent généralement de l'électrode positive vers l'électrode négative.

CHAPITRE II

Division de la lumière électrique.

Quand il s'agit de l'éclairage d'un espace déterminé, il ne suffit point, dans la plupart des cas, de produire une lumière intense ; cette lumière serait trop vive au point où elle se produirait, elle deviendrait trop faible en s'éloignant de ce point, la force de la lumière diminuant comme le carré de la distance, et de fait cet espace se trouverait inégalement éclairé en chacune de ses parties ; enfin une production d'ombres intenses viendrait encore nuire à l'effet lumineux général. Établir pour chaque foyer séparé une machine à lumière distincte constituerait, en dehors des difficultés d'une semblable installation, une surélévation de frais qui ne permettrait plus de songer à un emploi rationnel de la lumière électrique.

On s'est donc de bonne heure efforcé d'adapter une machine à lumière à l'alimentation de plusieurs lampes ; Quirini et Deleul (1855) essayèrent d'abord d'intercaler plusieurs lampes l'une derrière l'autre dans le circuit, mais ils n'obtinrent pas de résultat. La machine possédât-elle du reste une force électromotrice suffisante pour obtenir plusieurs arcs voltaïques, les lampes se trouvaient si rapidement hors de service qu'il ne fallait pas penser à une intercalation de ce genre. Le Roux (1868) voulut réaliser la division du courant, en intercalant dans le circuit une roue de distribution à laquelle il imprimait un mouvement de rotation assez rapide pour que l'interruption du courant ne dépassât pas 1/25 de seconde [1]. Bien que dans cette installation le courant passât tantôt dans l'une, tantôt dans l'autre lampe, la lumière des deux lampes paraissait constante à l'œil, parce que d'un côté les impressions lumineuses se suivaient avec une telle rapidité que l'œil ne pouvait percevoir les mouvements d'arrêt, et que, de l'autre, malgré l'interruption momentanée du courant, les charbons ne cessaient de demeurer incandescents. En 1873, Mersanne imagina un procédé de division qu'il chercha à réaliser de la même manière que Le Roux, mais aucun d'eux n'obtint de résultat pratique.

De Changy, vers 1858, essaya la division de la lumière à incandescence à l'aide de dispositions dont voici le principe : il plaçait en communication, sur une partie du circuit principal, un électro-aimant dont l'armature venait se bifurquer avec celle-ci et le bec contenant l'hélice en fil de platine qui devait être maintenu à l'état incandescent, tandis que l'autre partie du fil bifurqué était attachée au delà du fil, l'armature étant maintenue à un certain éloignement par un ressort antagoniste dont on pouvait faire varier la tension suivant la quantité du courant que l'on désirait laisser passer. Le courant principal, à l'aide de cette disposition, pouvait se diviser en autant de points qu'on le désirait, en faisant même varier au besoin la quantité de l'électricité employée sur une ou plusieurs parties des becs

---

1. Pour produire l'arc voltaïque, il est nécessaire que les charbons soient d'abord mis en contact, puis séparés l'un de l'autre. Par suite de l'interruption dans le circuit, l'arc s'éteint naturellement. Roux trouva qu'avec une durée d'interruption de 1/25 de seconde seulement, l'arc se reproduit de nouveau sans contact préalable des charbons.

d'éclairage, sans que les autres y participent en rien.
Il employait à cet effet soit des électro-aimants pleins
pour l'attraction directe sur l'armature, soit l'action
magnétique qu'exercent les solénoïdes sur un fer mobile à leur intérieur. Dans le cas d'électro-aimants
pleins ceux-ci étaient creusés en cône, dont l'armature
portait une partie inverse pour établir une connexion
plus ou moins grande, suivant l'éloignement de celle-
ci. En somme, le principe de cette division du courant
reposait essentiellement sur la possibilité de permettre
à celui-ci de sauter en deçà du bec à éclairer, lorsqu'un
maximum réglé d'avance était obtenu ; la lumière était
d'une stabilité régulière, mais elle ne fut point employée
pratiquement, les lampes à incandescence à fils de
platine ne pouvant être utilisées dans un service
usuel.

C'est Paul Jablochkoff qui fit le premier pas dans la
division de la lumière électrique, en l'année 1876, par
la découverte de sa bougie. Elle permit enfin d'intercaler un grand nombre de foyers dans un circuit ce
qui donna en peu de temps une grande extension à l'é-
clairage électrique.

Cependant les inconvénients de toute espèce que
comporte l'emploi de la bougie Jablochkoff, faisaient
vivement désirer la possibilité d'obtenir la division de
la lumière en se servant de régulateurs. Actuellement
ce problème est résolu de deux manières, soit par une
construction spéciale de la machine, soit par certaines
dispositions des conducteurs extérieurs, c'est-à-dire du
circuit des lampes, et dans ce dernier cas il faut dis-
tinguer la disposition en tension et celle en dérivation.
Il existe une troisième manière de diviser la lumière
qui consiste à utiliser des moyens d'optique ; elle se
trouve décrite dans le volume de la bibliothèque des

actualités industrielles qui traite des installations d'éclairage électrique.

La division de la lumière par la construction spéciale de la machine à lumière peut s'obtenir de deux manières : soit en disposant dans la machine même plusieurs circuits complètement isolés et indépendants les uns des autres dont chacun a ses propres balais pour transmettre le courant dans le circuit extérieur qui s'y rapporte, soit en utilisant la manière indiquée par Marcel Deprez pour l'enroulement des fils. La première méthode entraîne toutefois à une dépense de conducteurs d'autant plus considérable que les lampes sont installées à une plus grande distance de la machine. Dans ce cas, le matériel de circuit à employer augmente à peu près comme le carré du nombre des foyers si chacun d'eux constitue un circuit séparé au lieu d'avoir plusieurs foyers en un circuit, étant donné que la perte de travail causée par la résistance du circuit doive rester la même. Marcel Deprez obtient la division du courant par intercalation de plusieurs foyers dans un circuit, en munissant les électro-aimants de la machine à lumière de deux circuits, dans lesquels la force du courant de l'un dépend de la force du courant dans le circuit des lampes, tandis qu'elle reste invariable dans l'autre circuit.

Division de la lumière par branchement du courant dans le circuit des lampes, disposition en tension. — Le moyen le plus simple de branchement du courant (fig. 2) est celui dans lequel le courant se partage à un point a, en deux ou plusieurs parties s_1, s_4, qui se réunissent de nouveau en un seul courant à un deuxième point b. Les forces du courant dans les branchements s_1, s_4, seront inversement proportionnelles aux

résistances de ces branchements et la somme de la
force du courant dans les deux branches sera égale à
la force du courant dans le conducteur s. — Il en sera
de même pour le deuxième branchement en c et la
réunion en d des courants en s_3 et s_2. — Si l'on intercale des lampes dans ce circuit de telle sorte que
leurs charbons se trouvent en s_1, et respectivement en s_3,
mais que leur mécanisme de régularisation soit mis en
fonctionnement par s_2 et s_4, la division de la lumière
par branchement du courant se trouve résolue, car le

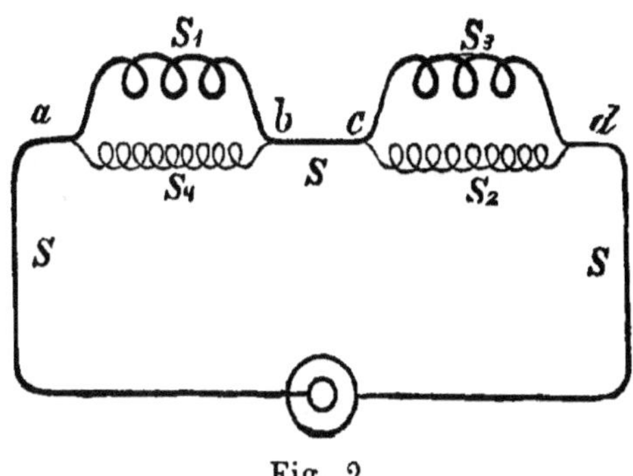

Fig. 2.

système fonctionne alors de la manière suivante : Le
courant se divise en a en deux parties dont la plus
grande passe en s, parce que tant que les deux charbons
se trouveront en contact, la résistance sera moindre,
sur ce point, qu'en s_4 où se trouve un fil en spirale de
haute résistance. Les charbons venant à se séparer, l'arc
voltaïque se forme, et, par suite, la résistance en s augmente et devient par l'incandescence non interrompue
des charbons d'une force telle qu'elle dépasse celle de
la spirale du mécanisme régulateur. C'est donc maintenant en s_4 que passe la plus forte partie du courant
et en s la plus faible, et le premier effet traduit sera de
mettre en mouvement le mécanisme régulateur, c'est

à-dire de rapprocher les charbons de nouveau. On voit
par là que la régularisation de la lampe se fait entre
les points *a* et *b* et que les forces du courant changent
également dans les branchements entre ces mêmes
points. Mais dans la partie du conducteur qui n'est pas
divisée la force du courant demeure invariable et si
l'on intercale alors entre *c* et *d* une deuxième lampe,
elle est indépendante du fonctionnement et des fluc-
tuations du courant de la première.

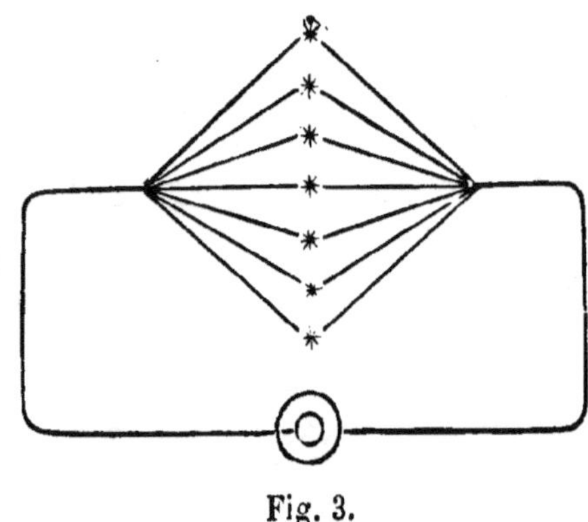

Fig. 3.

Disposition en dérivation. — Cette manière de diviser
le courant, spécialement employée dans les lampes à
incandescence, est indiquée par la figure 3. Ce mode
d'intercalation se distingue essentiellement de la disposition en tension en ce que dans ce dernier le courant
traverse par intervalle et les uns après les autres, les
différents branchements isolés, tandis que, dans la disposition en dérivation chaque branchement est traversé
en même temps par le courant. La résistance des
filaments de charbon incandescents remplace ici la résistance de l'arc voltaïque.

La division du courant en branchements, qu'elle soit
obtenue sous forme de disposition en tension ou de

disposition en dérivation est toujours accompagnée d'une perte de travail. La somme de bougies normales qu'une machine donnée peut produire avec des lampes séparées, est toujours plus faible que la quantité de bougies normales, que la même machine peut produire dans un foyer isolé. Un simple exemple [1] en fournira l'explication.

Supposons, en effet, que la force d'un courant qui alimente un foyer isolé soit S et que la résistance totale de celui-ci soit r, comme la chaleur produite dans la lampe par le courant est $r\,S^2$, d'après Joule, et que cette chaleur peut être prise comme mesure approximative de la puissance lumineuse de la lampe, la formule sera par suite $r\,S^2$. Mais si dans le circuit du même courant on intercale un nombre n de lampes, la force du courant ne sera plus d'après la loi d'Ohm que $\dfrac{S}{n}$ et la chaleur créée dans chaque lampe isolée sera égale à $r\left(\dfrac{S}{n}\right)^2$ et celle créée dans n lampes égale à $n\,r\left(\dfrac{S}{n}\right)^2$, ou $r\,S^2\dfrac{1}{n}$.

Cette somme représente donc, conformément à cette formule, la force de la lumière ainsi divisée et montre également que cette lumière ne comporte que la neuvième partie de la force de la lumière du foyer isolé du premier cas.

La force de lumière divisée doit-elle devenir égale à celle de la lumière isolée, il faudra augmenter le courant primitif (S), et si nous désignons par x les

---

1. Dr H. Schellen, *Les machines magnéto et dynamo-électriques* 2ᵉ édition, page 515.

forces plus grandes de courant qui deviennent nécessaires, il faut que

$$r x^2 \frac{1}{n} = r S^2, \quad \text{et} \quad x = S \sqrt{n};$$

donc, si 4-9-16... lampes doivent produire ensemble
une puissance lumineuse égale à celle du foyer isolé,
il faudra qu'elles soient alimentées par un courant
4-9-16 fois plus fort.

CHAPITRE IV

Lampes et appareils d'éclairage.

Aussi variées que soient les constructions des lampes actuellement en usage, on peut cependant les classer en cinq groupes[1]. Le premier comprend toutes les lampes dans lesquelles la mauvaise conductibilité d'un point dans le circuit non interrompu s'échauffe jusqu'à l'incandescence et émet par suite de la lumière, tandis que dans le deuxième groupe, au point de rencontre des deux électrodes et par suite de leur contact imparfait, le courant rencontre une grande résistance qui devient de ce fait la cause de l'incandescence et de l'éclairage ; la lumière y a pour origine l'échauffement du charbon et la formation de très petits arcs voltaïques qui se produisent entre les inégalités des électrodes en contact. Dans les troisième, quatrième et cinquième groupes, la lumière est produite par l'arc voltaïque ; ces lumières se distinguent les unes des autres en ce que, dans le troisième groupe, c'est la force même du courant qui règle la distance entre les pointes des charbons pendant toute la durée de l'arc voltaïque au moyen de dispositions mécaniques quelconques, tandis que

---

1. On ne s'est point occupé dans cette division de la lumière électrique qui peut être produite par l'échauffement des gaz (tubes de Geissler), ou par l'étincelle d'induction à l'air libre, ces modes de lumière n'ayant, du moins quant à présent, trouvé aucune utilisation pratique.

dans les quatrième et cinquième groupes, la distance entre les pointes des charbons reste invariable aussi longtemps que l'arc demeure incandescent. La constance de la longueur de l'arc voltaïque est, comme le dit justement Uppenborn, réglée par la construction géométrique de la lampe. Ces groupes diffèrent seulement entre eux par la disposition des charbons qui, dans le quatrième groupe, sont placés parallèlement l'un à côté de l'autre, tandis que dans le cinquième ils sont inclinés l'un vers l'autre.

Les cinq groupes sont par conséquent :

1. *Lampes à incandescence à conductibilité imparfaite.* La lumière se produit par l'échauffement d'un point du circuit non interrompu dont la conductibilité est mauvaise;

2. *Lampes à incandescence à contact imparfait.* La lumière prend naissance au point de contact des deux conducteurs;

3. *Régulateurs.* La lumière est formée par l'arc voltaïque et la distance entre les pointes des charbons se trouve constamment réglée par la force même du courant;

4. *Bougies électriques.* La lumière est formée également par l'arc voltaïque, mais la distance entre les pointes des charbons ne change point pendant toute la durée du fonctionnement, les charbons étant placés parallèlement l'un à côté de l'autre.

5. *Lampes avec des charbons inclinés l'un vers l'autre.* La lumière est produite de la même manière et la longueur de l'arc voltaïque se maintient également de la même façon que dans le groupe 4, mais les charbons sont inclinés l'un vers l'autre.

1. — *Lampes à incandescence à conductibilité imparfaite.*

Les lois physiques qui doivent être suivies dans la construction des lampes à incandescence ont été traitées déjà dans le chapitre précédent; l'invention de ces lampes remonte assez loin. Déjà, en l'année 1838, Jobart[1] proposa d'intercaler dans le circuit un petit charbon enfermé dans un vase que l'on aurait préablement purgé d'air et d'utiliser comme lampe électrique une installation de ce genre. En l'année 1841, F. Moleyns[2] prit un brevet à Cheltenham pour une lampe dont le principe consistait à laisser tomber sur une spirale de platine maintenu à l'état incandescent de la poudre de charbon finement divisée. De Changy[3], élève de Jobart reprit l'id ée de son maitre en l'année 1844, et construisit une lampe avec une baguette de charbon de cornue; Starr (brevet King 1845) utilisait également une baguette de charbon incandescent maintenue dans le vide; Greener et Staite construisirent en 1846, une lampe semblable à celle de King; Petrie proposa en 1849 d'employer, à la place du platine, l'irridium, et en 1858 Changy prit son premier brevet pour une lampe à lumière incandescente avec fil de platine, et division de la lumière électrique décrite page 16 de ce livre. Du Moncel obtint de très beaux effets d'incandescence dans des essais qu'il fit avec la bobine de Rhumkorff sur des filaments de charbon obtenus avec du liège, de la peau de chèvre, etc. En 1873, Lodyguine employa

1. *La Lumière électrique*, volume IV, page 580.

2. Fontaine, *L'Eclairage électrique*, en allemand par F. Ross, 2ᵉ édition, pages 241, 247, 248, 249, 251.

3. *Revue électro-technique*, volume III, page 343.

des baguettes de charbon dans des vases hermétiquement fermés, en diminuant la section de ces baguettes au point où devait se produire l'incandescence. En 1875 suivit la lampe de Konn ; celui-ci se servait aussi de baguettes de charbon dans le vide, mais il ne put réussir à construire une lampe pratique de quelque valeur. Il en arriva de même à l'officier russe Bouliguine, en 1876. Enfin, dans les années 1877-1880, Swan, Maxim, Édison[1] et Lane Fox obtinrent par l'emploi dans le vide d'un filament de charbon très fin des résultats satisfaisants. Aujourd'hui les lampes à incandescence dans le vide donnent les résultats auxquels voulait faire croire, il y a quelques années, la réclame prématurée des Américains.

LAMPE A INCANDESCENCE ÉDISON.

La première lampe à incandescence que Thomas A. Édison construisit, était une lampe à fil de platine[2] semblable à celle inventée par de Changy ; il essaya à la suite une série de matières métalliques et végétales et adopta définitivement le filament du bambou[3]. Le bambou est écorcé au moyen de machines et partagé en filaments auxquels on donne la forme voulue avec une symétrie remarquable. Ces filaments ont environ un millimètre de largeur, 12 centimètres de longueur et reçoivent la forme d'un U.

Ces arcs en bambou sont alors enfermés avec soin dans des moules en fer de forme convenable et introduits par milliers dans un four ; la carbonisation est

1. *La Lumière électrique*, par Alglave et Boulard, page 198.
2. Schellen, *Les Machines magnéto-dynamo électriques*, 2e édition, page 477.
3. H. de Parville, *L'Électricité et ses applications*, page 354 (description détaillée).

rapidement terminée et quand on ouvre les moules après refroidissement, on trouve à la place du filament de bambou, un filament de charbon végétal d'une finesse, d'une dureté et d'une solidité extraordinaires. Le filament de charbon est alors fixé à des fils de platine et le tout introduit dans une enveloppe de verre ayant la forme d'une poire puis soudé avec soin (Fig. 4). Pour extraire l'air de cette poire, Édison employa d'abord les machines pneumatiques à mercure de Geissler et Sprengel, mais comme leur forme n'était pas appropriée à ce genre de travail et que, de plus, les vapeurs mercurielles qui se dégageaient avaient de graves inconvénients, Édison apporta à cette pompe les modifications nécessaires, et actuellement elle peut régulièrement (à Menlo-Park) vider en une seule opération plus de cinq cents poires de verre. (Voir la fin de ce groupe de lampes.) Pendant l'opération de la production du vide on fait passer le courant électrique à travers les filaments de charbon; ce courant a pour but de chasser, par l'échauffement de ces charbons, les gaz qu'ils auraient pu absorber. Cette opération est de première nécessité pour donner à ces filaments la solidité nécessaire.

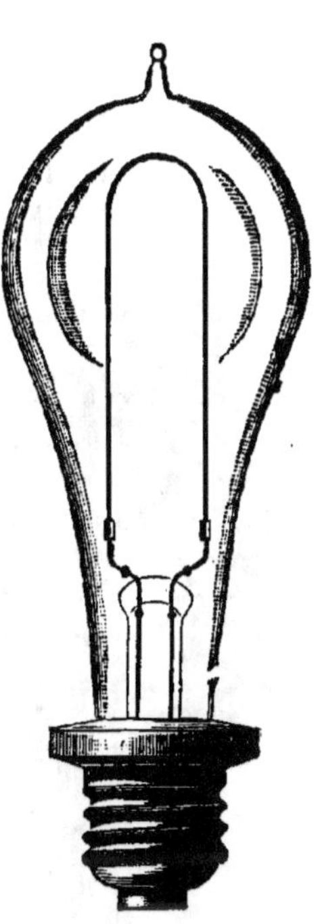

Fig. 4.

Pour éviter toute rentrée d'air, le col de la lampe est hermétiquement fermé par un petit bouchon en verre qu'on y fait pénétrer et qu'on y soude par fusion; ce bouchon a la forme d'un tube dont la partie supérieure est fermée par un cintre de verre et la partie inférieure terminée par un renflement bombé avec lequel l'ouverture cylindrique de la lampe fait corps. L'introduction des deux fils métalliques à travers la masse de verre du bouchon maintenu en fusion est une des parties les plus difficiles de la fabrication, car il est indispensable que, par suite de la température élevée qui se produit dans les lampes, les fils n'éprouvent aucune dilatation capable de rendre ces parties accessibles à l'air. A cet effet Édison emploie le platine, dont le coefficient de dilatation est sensiblement le même que celui du verre. Les fils de platine sont réunis aux charbons par une soudure galvanique de cuivre, et pour éviter que les hautes températures ne viennent à fondre ces points de raccord, on donne aux extrémités des filaments de charbon une section plus grande, de façon à y diminuer la résistance du courant. Les bouts libres des fils de platine sont fixés aux garnitures en cuivre D et E, qui sont isolées l'une de l'autre par une garniture de plâtre.

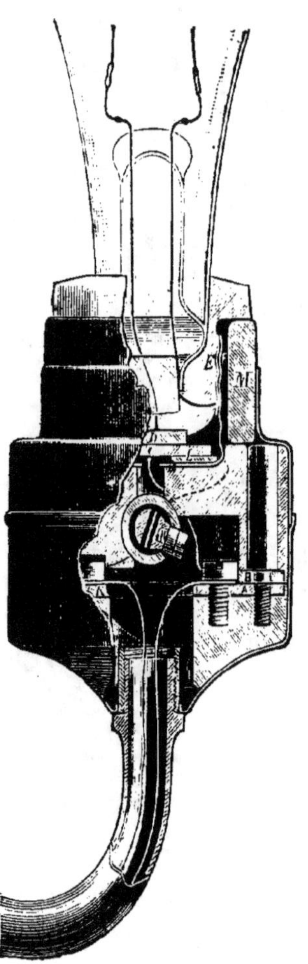

Fig. 5.

Les figures 5 et 6 donnent en coupe longitudinale et transversale une idée nette de la douille et du socle de la lampe ; la première est munie de garnitures en laiton dont F forme la matrice de la vis adaptée à la lampe et C le fond. Elles sont toutes deux munies de fils conducteurs et séparées par un disque L en matière isolante ayant pour but, ainsi que l'anneau en bois M, d'isoler entr'elles les surfaces métalliques.

Par suite du vissage de la lampe dans la douille, le contact se produit simultanément entre le filet de la vis E et la matrice F, ainsi qu'entre les plateaux C et D. A l'intérieur de cette douille en bois qui est garnie d'une mince feuille de laiton et divisée en deux parties, le circuit se trouve établi par le contact de deux paires de plateaux B-I et A-K vissés l'un sur l'autre ; à la première sont soudés les fils partant des garnitures C et F, tandis que les fils conducteurs sont fixés avec des vis aux plateaux A et K. La jonction des douilles

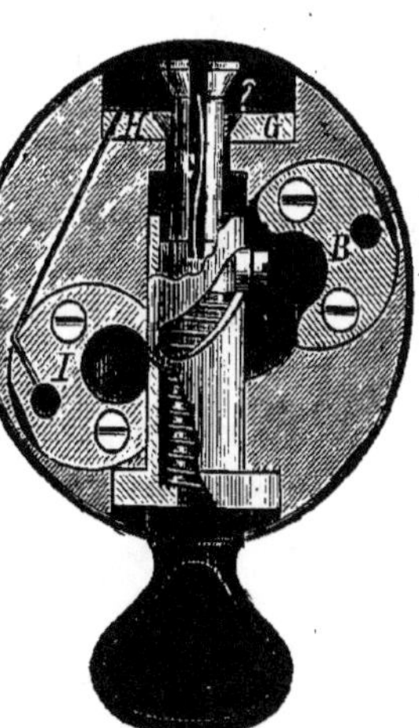

Fig. 6.

aux appliques et lustres dans les tuyaux desquels on place les fils conducteurs du circuit s'opère comme il est indiqué dans la figure 5, par le vissage du bout du tube qui est, à cet effet, muni d'un pas de vis à gaz.

Les figures 5 et 6 représentent toutes deux le mécanisme ingénieux qui sert à l'allumage et à l'extinction des lampes, et qui fonctionne à la main comme les robinets employés dans l'éclairage au gaz ; à cet effet, le fil partant de la garniture F ne communique pas directement avec le plateau I ; il se trouve interrompu au milieu, de façon qu'une moitié communique de F avec G et l'autre de H avec I. Comme les deux moitiés des plateaux G et H sont isolées l'une de l'autre, il faut, pour allumer la lampe, établir entr'elles un contact qui permette le passage du courant et dont l'interruption amène l'extinction de la lumière. Pour que cela devienne possible, les trous des plateaux G et H sont taillés intérieurement en forme d'entonnoir, de façon à ce que le point mobile A qui se termine en cône, puisse s'adapter exactement à cette ouverture, qui se trouve en outre

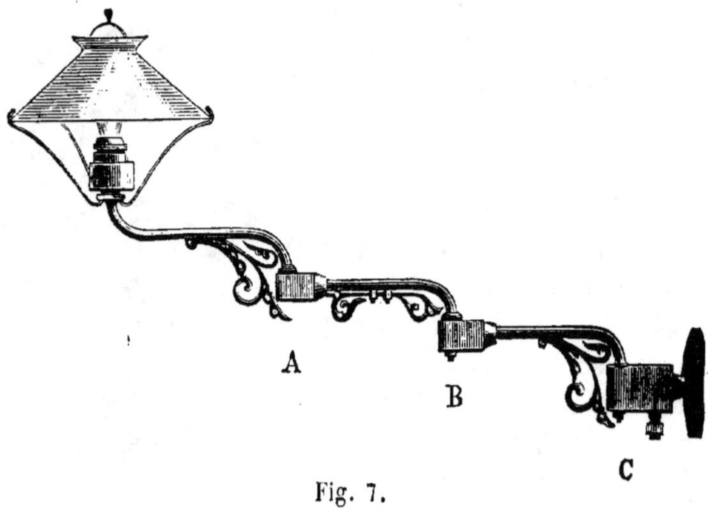

Fig. 7.

munie d'un ressort qui a pour but d'assurer davantage le contact. Pour obtenir au moyen de la manœuvre du robinet dans les deux directions un mouvement axial, le pivot est muni d'une dent dont la tête est enclavée dans une coulisse en forme de vis. Il est facile de voir, par la gravure, que par le maniement du robinet dans l'un ou l'autre sens le cône se trouve poussé dans les plateaux H et G et ferme alors le circuit ou qu'il ressort des plateaux et interrompt le courant. Quand le cône a établi le contact entre les plateaux G et H, le courant (fig. 5) passe par le fil conducteur dans le disque A, de là par B au plateau C de la douille, puis par le

contact avec le disque B dans la lampe, dans laquelle
il parcourt l'un après l'autre le fil de platine qui part
de ce dernier disque et le filament de charbon pour
retourner par l'autre fil de platine à la garniture **E**,
dont le filet de la vis lui permet de nouveau l'entrée
dans la douille par la matrice de cette vis. Au moyen
du fil soudé à cette dernière, le courant parvient maintenant à la moitié du disque G et à la moitié H par le
cône, qu'il quitte par le fil H. I et le plateau K au moyen
du fil de retour.

Ci-après, le tableau des lampes Edison fabriquées
jusqu'à ce jour, avec leur puissance lumineuse, leur
résistance et la force électromotrice nécessaire à leur
mise en fonctionnement.

	PUISSANCE lumineuse.	RÉSISTANCE.	FORCE électro-mot.
A. Lampe.....	16 bougies.	140 Ohms.	103 Volts.
dito.......	32 —	70 —	103 —
B. Lampe	8 —	70 —	56 —
dito.......	10 —	250 —	103 —

L'applique représentée par la figure 7 a des articulations en A, B et C; la figure 8 présente l'arrangement
intérieur des articulations A B. Les fils conducteurs
entrent par le côté droit de la chambre, et sont fixés
à deux pièces métalliques isolées l'une de l'autre; elles
glissent sur deux disques en métal, qui sont également
isolés l'un de l'autre et qui sont fixés à la partie verticale de la genouillère, et qui tournent avec elle. Chacun
des disques du cylindre est en communication avec
le fil conducteur, qui passe dans les tubes. De plus
à C il se trouve un robinet de construction ci-dessus
décrite.

Une partie du conducteur dans la boite du robinet est composée d'un fil de plomb qui a pour but d'empêcher la détérioration de la lampe (la destruction du charbon), dans le cas où un accroissement de courant supérieur à celui que la lampe peut supporter viendrait pour une cause quelconque à se produire dans le circuit. Le diamètre de ce fil de plomb est calculé de façon à s'échauffer jusqu'à fondre et à interrompre ainsi toute communication avec le courant, si ce der-

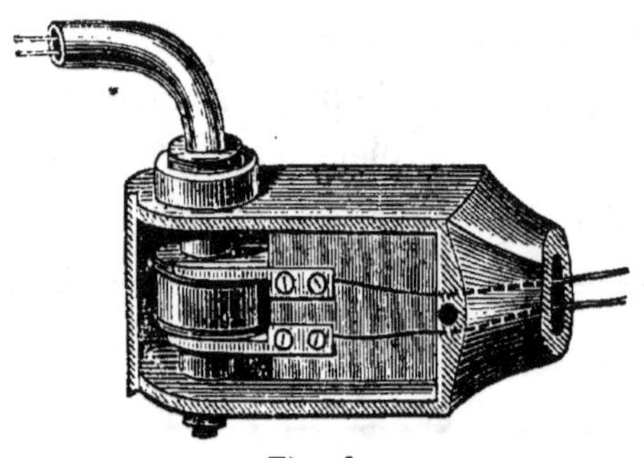

Fig. 8.

nier menace de prendre une force dangereuse pour la lampe.

Edison est allé encore plus loin ; il a construit aussi dans la lampe même un régulateur, qui permet de régler à volonté la force de la lumière. La figure 9 montre une lampe portative et la figure 10 ce régulateur. C'est une espèce de Rhéostat en charbon, composé de charbons de différents diamètres, qui ont par suite une résistance différente bien que leur longueur et leur substance soient identiques. Par l'intercalation dans le circuit de l'un ou l'autre de ces crayons on obtient l'intensité désirée. Pour empêcher un trop grand échauffement, le cylindre qui entoure l'appareil est pourvu d'ouvertures pour la circulation

de l'air. La régularisation est effectuée par la rotation
d'un disque (dessiné séparément au-dessous de la figure
10), qui établit le contact avec l'un ou l'autre des crayons
de charbon. Un indicateur sur le disque et une division

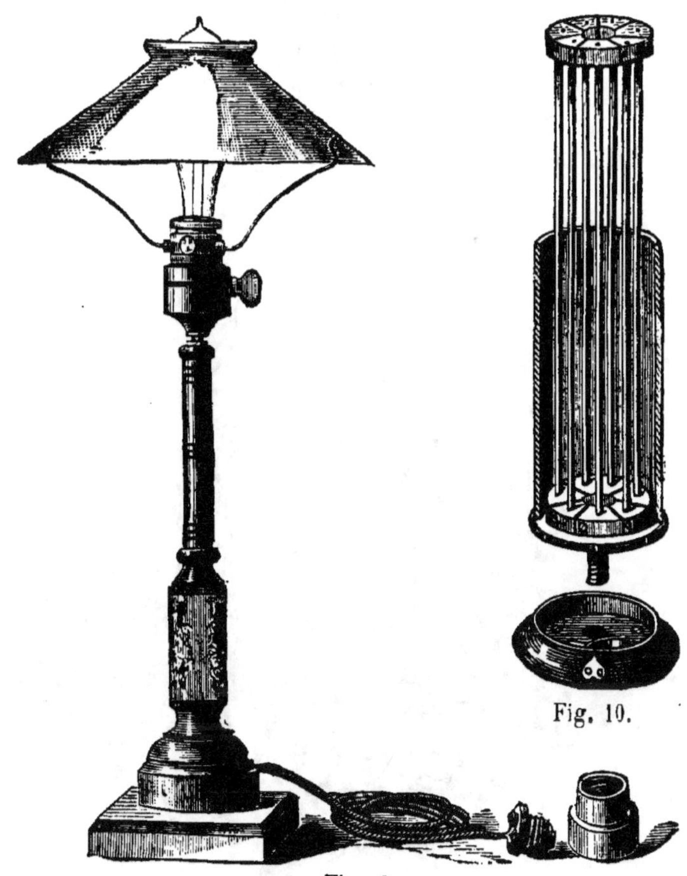

Fig. 10.

Fig. 9.

sur le bord inférieur du cylindre indiquent la force de
l'intensité de la lampe pour l'intercalation de chaque
crayon de charbon.

La figure 11 montre que les lampes Edison, et
généralement toutes les lampes à incandescence, peuvent facilement s'adapter à toutes les formes de lustres

et la figure 12 représente une lampe destinée au travail des mines. Dans ce modèle, la lampe se trouve

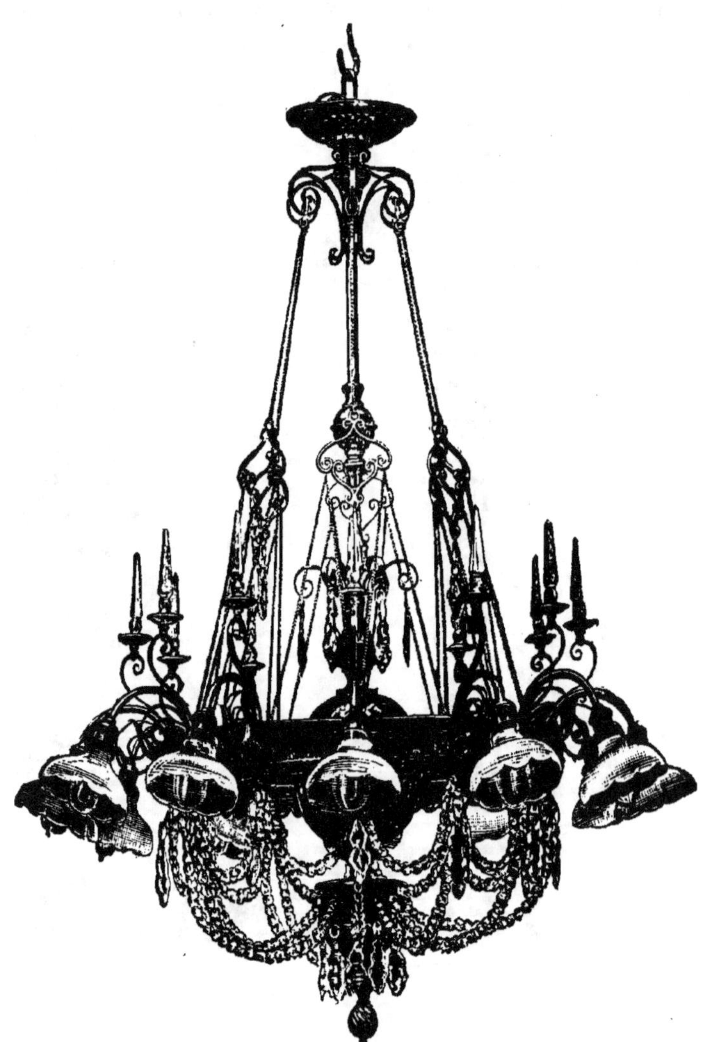

Fig. 11.

renfermée dans un vase rempli d'eau. Les jonctions des fils conducteurs avec la lampe sont arrangées de telle sorte que les points de contact sont couverts d'eau, ce qui écarte tout danger d'explosion.

de grisou par le fait de la lampe. Le deuxième danger
du grisou, c'est-à-dire l'asphyxie, n'en existe pas moins,
il se trouve même augmenté par l'emploi de ces
lampes ou de lampes semblables, qui ne peuvent
fournir aucune indication sur la naissance du grisou
comme le font les lampes ordinaires des mineurs, dont

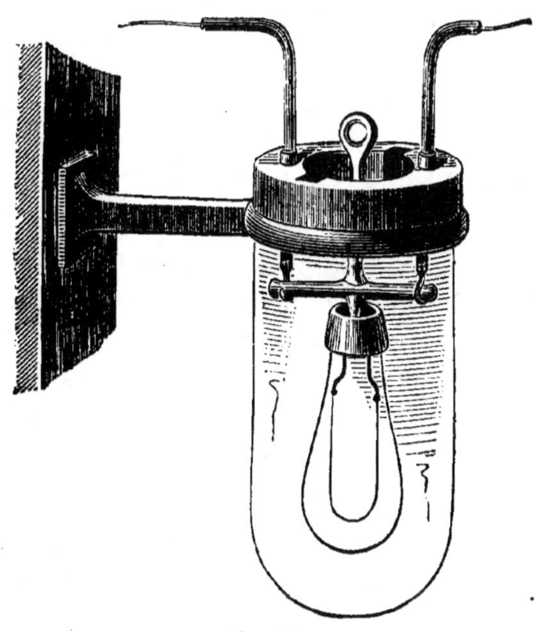

Fig. 12.

la flamme s'obscurcit dès que le grisou commence. Avec
la lampe de sureté de Davy, c'est la quantité de gaz
qui, lorsque le mélange est arrivé au point voulu, fait
explosion dans l'intérieur de la lampe et l'éteint. Ainsi
que l'on peut le voir par ce qui précède, la lampe
d'Edison a été étudiée et travaillée dans ses plus petits
détails; elle allie aux avantages de l'éclairage électrique les commodités de l'éclairage au gaz sans en
avoir les inconvénients et les dangers.

Quant à la durée des lampes en ce qui concerne les

charbons, elle sont garanties pour 800 h. d'éclairage.
Après ce temps, la lampe ne saurait guère servir longtemps; mais quand on considère la modicité de son prix,
cela n'a pas d'influence sur son emploi pratique. Les
régulateurs et encore mieux les bougies consomment
aussi continuellement du charbon, qui doit être payé
et, dans les autres procédés d'éclairage il faut bien
renouveler souvent les verres à gaz, les globes, etc...

LAMPE A INCANDESCENCE SWAN

C'est à Swan que revient le mérite d'avoir perfec-
tionné suffisamment la construction des lampes à incandescence pour en rendre possible leur emploi sur
une grande échelle. Longtemps avant Edison, Swan
s'était occupé d'études et d'expériences afin de trouver
un procédé pratique pour fabriquer des charbons
résistants et durables. Il reconnut que les fautes capitales des essais précédents consistaient en ce que
l'on ne prenait pas assez de soins ni pour enlever l'air
du vase de verre qui renferme le filament de charbon,
ni pour diminuer autant que possible la résistance aux
endroits où le filament de charbon se trouve fixé avec
les fils conducteurs. Ceci était souvent cause que le charbon se séparait de ses soutiens après un court usage,
tandis que l'enlèvement défectueux de l'air avait pour
effet la diminution constante du filament et le dépôt sur
les parois du verre de particules de charbons. Swan
trouva que l'on ne peut extraire aussi complètement
que possible l'air du récipient que si, pendant cette
opération, les charbons sont maintenus à l'incandescence,
et sont, par conséquent, forcés de rendre les gaz qu'ils
ont absorbés.

Le modèle primitif de la lampe de Swan tel qu'on

pouvait le voir à l'Exposition de Paris en 1881, offrait un
mode assez compliqué de fixation des filaments de char
bon avec les fils conducteurs, et les moyens d'attache ex-

Fig. 13.   Fig. 14.

térieurs étaient également fort peu pratiques. Le modèle
fabriqué actuellement (fig. 13) a reçu de grandes modifications. Les fils de platine qui servent de soutien
aux filaments de charbon sont isolés les uns des autres
et renfermés dans une colonnette en verre fondu, et

soudée avec beaucoup de soin à la partie inférieure du récipient en verre, et ils se terminent au dehors par deux anneaux. La partie qui fixe la lampe à l'appareil d'éclairage se compose d'un bloc de caoutchouc durci qui porte dans le bas un pas de vis à gaz, de sorte qu'il n'y a qu'à enlever le brûleur pour fixer la lampe sur le bec de gaz. La surface supérieure de ce bloc laisse passer deux crochets en platine qui sont chacun en communication avec une des vis de pression qui sont placées sur le côté et dans lesquelles on pince les fils conducteurs. Un ressort à spirale assure un bon contact entre les crochets et les anneaux en platine de la lampe.

Le charbon, qui a environ 10 cent. de longueur, a la forme d'une boucle; il est préparé avec des filaments de coton. Ceux-ci sont trempés dans de l'acide sulfurique (deux parties d'acide et une d'eau), et y sont laissés pendant quelque temps. Ils subissent de ce fait la même transformation que le papier qui, soumis aux mêmes conditions, se transforme ainsi, comme on le sait, en parchemin artificiel. Le fil devient par suite consistant et prend l'apparence de la corne; après lui avoir donné la courbure que le charbon doit avoir plus tard, on le place dans un creuset de forme convenable qu'on remplit entièrement de poussier de charbon très fin, et, après fermeture hermétique du creuset, on chauffe au blanc pendant longtemps. La jonction des charbons avec les fils de platine s'opère en assemblant les bouts des charbons avec les bouts des fils et en consolidant les points d'attache par des enroulements de fils de coton. Le tout est alors soumis de nouveau aux opérations de la carbonisation ci-dessus décrite.

Cette maison indique pour les lampes qu'elle fabrique usuellement les chiffres suivants pour la force électro-motrice (en volts), la force du courant (en ampères),

la résistance à l'état chaud et à l'état froid (en ohms),
et la puissance lumineuse en bougies[1].

Classe.	Volts.	Ampères.	Ohms à froid.	Ohms à chaud d'après calculs.	Bougies.
A_3	36	1.422	36	25.31	16
A_1	41	1.28	53	32.03	18
B_1	46	1.32	54	34.84	20
C	50	1.343	65	37.23	20
D	52	1.235	74	42.1	20
E	54	1.21	82	44.63	20

La figure 14 représente la manière dont Swan a disposé sa lampe pour l'éclairage des mines.

LAMPE A INCANDESCENCE MAXIM

Dans une poire en verre A (fig. 15) est placé un conducteur B en charbon, ayant la forme d'un M. Il est
supporté par les deux fils de platine C D et C_1 D_1 qui
sont soudés dans le verre aux points D D_1. Les tubes
en verre D D_1 sont coniques, de sorte qu'il existe entre
leurs parois intérieures et les fils un intervalle de l'épais-
seur d'un cheveu. Le charbon B s'élargit à sa partie inférieure ainsi que les fils de platine en C C_1. L'attache
du charbon aux fils est indiquée par la figure 16, qui
en représente une vue de côté. Au fil est soudé une
petite plaque dorée percée en b, sur laquelle est placé
un disque s de charbon mou, puis vient le charbon B,
sur lequel est placé un deuxième disque de charbon s,
et pour terminer une plaquette en platine percée en b_1.
Toutes ces parties sont maintenues ensemble par la

1. Uppenborn, *Revue sur l'enseignement de l'électricité appliquée*,
IV, page 408.

vis *ot*. Les disques en charbon *ss*, ont pour but, d'un
côté, d'établir un bon contact, et de l'autre de faciliter
la solidité de cet assemblage. Si le filament de charbon

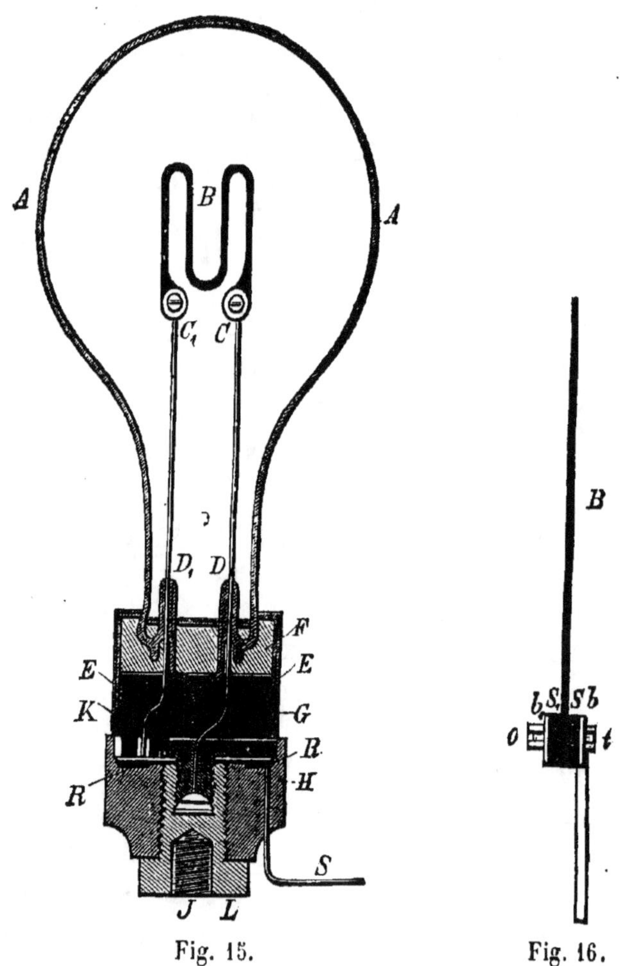

Fig. 15.   Fig. 16.

était vissé directement au platine ces deux conditions
ne seraient pas remplies, car par suite d'un fort serrage
de la vis, les bouts des charbons, qui sont roides et
durs, se casseraient, et si le serrage de la vis était moins
fort, le contact serait mauvais; le courant rencontrerait

à sa sortie des fils une grande résistance, échaufferait
aux points de contact le platine et le charbon, fondrait
le premier et en peu de temps le contact serait entièrement détruit. La plaquette de charbon mou empêche
d'un côté la brisure du filament de charbon, et produit
de l'autre un bon contact par la raison qu'elle remplit
complètement les petits intervalles qui peuvent exister
entre les petits disques de platine et la partie renflée
du filament de charbon.

La poire en verre est fixée avec du plâtre F dans une
monture en métal E. Ce plâtre s'introduit également
dans les espaces capillaires des tubes D, D_1 et concourt
à une fermeture complète de la lampe. On a eu dans
le principe à lutter longtemps contre les rentrées d'air
qui se produisaient aux points de soudure des fils avec
le verre par suite de la dilatation inégale du verre et
du platine (pendant les changements de température);
il se produisait dans le verre de petites fentes par lesquelles l'air pénétrait dans la lampe. La différence de
dilatation est moins nuisible quand le fil que l'on veut
souder est mince; aussi Maxim partage-t-il son fort fil
de platine en plusieurs fils minces qu'il soude au verre
séparément et qui sont réunis à nouveau ensemble en
dehors de la lampe. Pour plus de sûreté dans la fermeture, la monture E est trempée dans de la gomme
laque ou de la gomme copale G.

La base H de la lampe est faite en ébonite ou en
toute autre matière isolante, et vissée à un noyau en
métal L; un pas de vis J sert à fixer la lampe à l'endroit voulu. Le fil de platine C va jusqu'au noyau en
métal, pendant que C finit en un petit tampon K en
métal qui est isolé de la base. R est un anneau en
métal enchâssé dont la surface supérieure est placée
directement sous le tampon K, de sorte que celui-ci

forme un contact avec l'anneau, quand la base est vissée en bas. Le circuit part de C^1 et passe par le fil S, qui est soudé à l'anneau R pour sortir au dehors. Par le morceau de métal L, C est mis en communication soit avec le deuxième fil, soit avec les tuyaux de conduite à gaz, si les lampes y sont fixées.

Maxim fabrique son charbon avec du papier Bristol découpé en morceaux de la forme d'un M, d'une grandeur un peu au-dessus de celle que doit conserver plus tard le filament de charbon ; ces morceaux sont d'abord soumis à une légère carbonisation.

Ce filament ainsi carbonisé est ensuite fixé aux fils de platine et introduit dans la poire en verre. A celle-ci se trouve un raccord de la forme d'un tuyau (non indiqué dans la gravure), par lequel on extrait l'air contenu dans cette poire au moyen d'une machine pneumatique. Ceci fait, on y introduit des vapeurs de gazoline, que l'on extrait de nouveau au moyen de la pompe, jusqu'à ce qu'il n'y ait plus qu'une pression d'environ 30 mm. de mercure, et l'on intercale alors dans le circuit le filament de charbon à moitié carbonisé. Le courant électrique décompose la gazoline et introduit dans les pores du filament de charbon les éléments du charbon (carbone) dans un état extrèmement fin. Il devient ici très important de chauffer très fortement le filament et de raréfier les vapeurs de gazoline ; la chaleur produit une certaine dilatation dans les pores du filament de charbon qui permet aux molécules de carbone produites par la décomposition des vapeurs de gazoline de s'y introduire plus facilement. Sans raréfaction, on aurait une décomposition trop rapide de la gazoline, et le carbone se déposerait seulement sur la partie extérieure du filament. Pour obtenir des filaments de charbon de même résistance, et par conséquent des

lampes d'un pouvoir lumineux égal, Maxim intercale
une lampe modèle, ou lampe normale, dans le circuit
de la lampe en voie de fabrication et on laisse déposer
du carbone jusqu'à ce que les deux lampes éclairent

Fig. 17.

avec la même force. Cela fait, on continue le vide dans la
poire en verre aussi énergiquement que possible, on
sépare par la fusion le raccord par lequel elle était en
communication avec la machine pneumatique, et on la
monte pour le service, de la manière indiquée plus haut.
La figure 17 montre une lampe à incandescence montée

en applique. Le filament de charbon de la lampe Maxim donne, mesuré à froid, une résistance de 73, à chaud

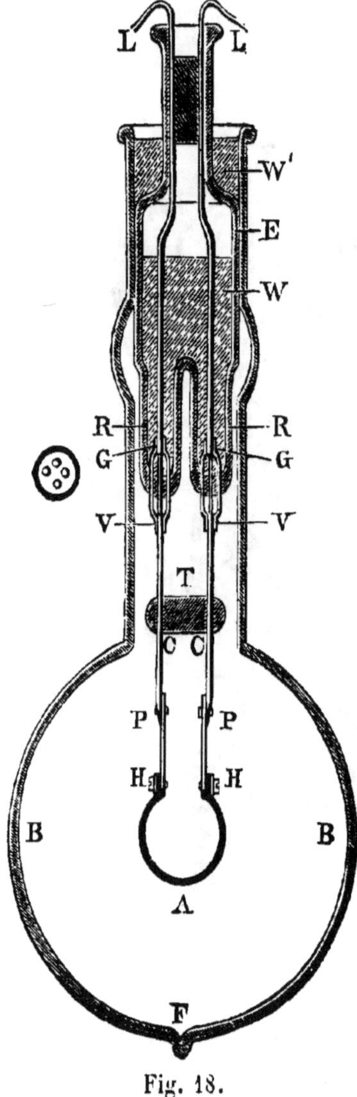

Fig. 18.

de 39 ohms, il demande une force électromotrice d'environ 48 volts, une force de courant de 1,25 ampère et atteint alors un pouvoir lumineux de 14,6 bougies normales (voir aussi page 57).

Pour né pas mettre au rebut toute la lampe par suite d'un accident survenu à une de ses parties, Maxim a donné, dans ces derniers temps, une autre forme au corps en verre et au charbon. Une lampe de ce genre est représentée par la figure 18. Le vase en verre B qui est muni en F d'un raccord pour faire le vide, est fermé en E par un bouchon en verre introduit par son col. Ce bouchon est creux et se termine par le bas en deux tubes R, R. De la partie inférieure des fils conducteurs, L L, partent en G des fils de platine très fins, qui sont soudés par fusion dans le fond en verre des tubes et réunis de nouveau en un seul fil c au-dessous des points V, V. Le but de cette disposition a déjà été indiqué antérieurement. Pour donner une plus grande stabilité aux fils conducteurs dans l'intérieur du récipient en verre, ils sont adaptés en T sur une traverse de verre ou d'autre matière isolante. Le filament de charbon A est fixé en H, H aux fils de platine P, P de la manière indiquée plus haut. W et W₁ sont des couches de cire ou de résine qui ont pour but de consolider l'étanchéité. Il est facile de voir par la gravure que, par suite de cette disposition, un accident survenant à une des parties de la lampe ne met pas la lampe entière hors d'usage et qu'on n'est forcé que de remplacer la partie détériorée.

Dans une deuxième disposition, la fermeture de la lampe est également produite par un tampon en verre qui occupe toute la partie inférieure ; les charbons sont droits et réunis ensemble au sommet par un petit bloc. Cette disposition permet également l'enlèvement des parties abîmées et leur remplacement par de nouvelles en bon état. Il n'y a pas eu encore d'applications pratiques de ce mode de construction, aussi n'est-il guère possible d'en donner des détails plus complets [1].

LAMPE A INCANDESCENCE LANE FOX

Lane Fox ne réunit les filaments de charbon avec les fils conducteurs, ni par des moraillons ni par soudure, mais aux deux fils conducteurs *e*, qui sortent des tubes *f* remplis de mercure, sont fixés deux ressorts métalliques, dont la force d'élasticité peut être réglée au moyen d'une coulisse *d* de matière isolante. Les bouts des filaments de charbon sont placés entre les

1. A. Merling, l'*Éclairage électrique*, Braunschweig, 1882, page 385.

extrémités de ces ressorts et un petit corps en porce-
laine *b*, et maintenus en cet endroit au moyen de la
coulisse *d* ; les tubes *f* et un tuyau *h* pour l'extraction
de l'air de la cloche A, passent par un bouton conique
en caoutchouc *g* qui ferme le
col de la cloche, et qui est
recouvert d'une couche de
mercure *i*. Pour empêcher l'é-
panchement du mercure, on
le recouvre d'une couche *j* de
glu marine. Les bouts des
charbons peuvent aussi être
raccordés directement avec
les fils conducteurs en tournant ceux-ci en forme de
spirale, et en couvrant le
point de raccordement avec
de l'encre de chine. Pour
construire ses filaments de
charbon, Lane Fox se sert
d'un morceau de coke de
forme voulue, qui porte à son
bord inférieur une lame de
couteau. On entoure ce morceau de coke de fil de chanvre et on place le tout dans
un four à carbonisation. Pendant la carbonisation les

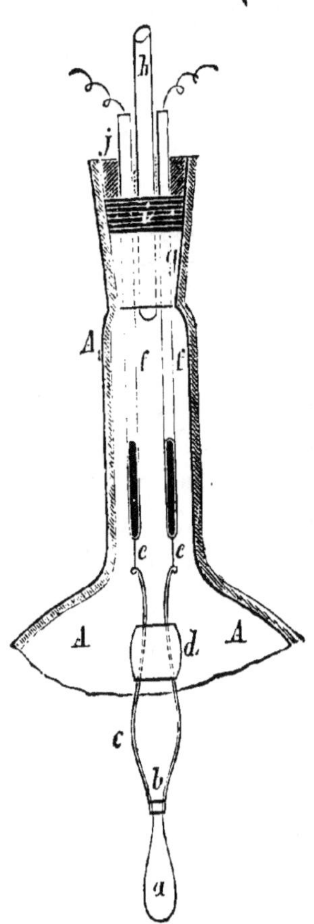

Fig. 19.

tours de la spirale formée par le fil de chanvre se
contractent et ils se coupent tous à la même place sous
l'action du tranchant de la lame du couteau, de sorte
qu'on obtient des morceaux de fil de la même longueur.
La carbonisation du filament de charbon est terminée
par l'introduction de vapeurs de benzine ou d'autres

vapeurs convenables, pendant que le charbon est maintenu à l'incandescence par le courant électrique. Le renforcement des bouts du filament est obtenu en les réunissant au moyen d'un fil (c'est-à-dire en établissant un court circuit dont l'autre partie du filament de charbon se trouve exclu) et en y faisant passer de nouveau un courant électrique en présence de vapeurs de benzine.

La lampe est solidement construite et fabriquée dans différentes grandeurs ; pour un pouvoir éclairant de 8, 7 bougies elle demande 66 volts et 0,673 ampère.

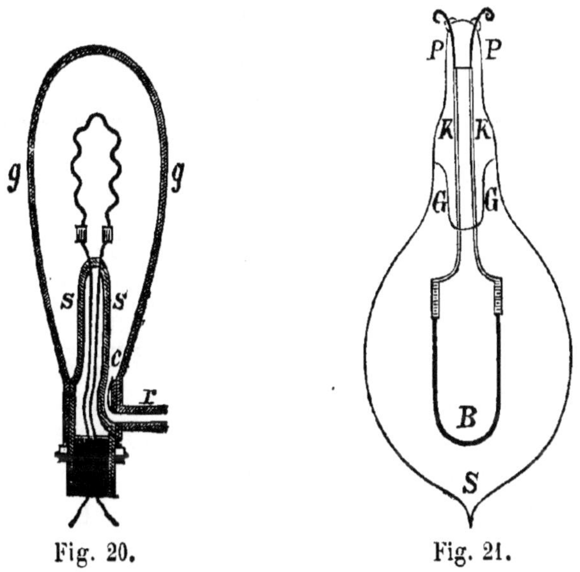

Fig. 20.   Fig. 21.

LAMPE A INCANDESCENCE SIEMENS FRÈRES ET Cie [1]

Comme matière pour le filament de charbon B en forme d'U (fig. 20), on emploie le papier. Les extrémités du charbon sont, au moyen d'une bouillie de matière

1. Uppenborn, *Revue sur l'enseignement de l'électricité appliquée,* IV, page 275.

goudronneuse, cimentées dans les contours des spirales d'un fil de cuivre K, K aplati à son extrémité. Les autres bouts du fil de cuivre sont soudés à des fils de platine P, P, et fondus avec le col d'une poire en verre semblable à celle d'Edison. Pour donner une plus grande solidité aux fils de cuivre, ils sont encore consolidés dans leur position, dans l'intérieur du récipient en verre, par un bouchon en verre G, G. L'air est retiré avec soin par un tube en verre adapté à la pointe S.

Les lampes sont fabriquées en quatre modèles et données pour les chiffres suivants :

	TENSION volts.	FORCE du courant. ampère.	POUVOIR lumineux. Bougies normales.	FORCE mécanique. kilogm.
Lampe Siemens 1	45	2.3	16	10.6
— 2	45	2.7	20	12.4
— 3	45	3.0	25	13.8
— 4	45	3.3	30	15.3

LAMPE A INCANDESCENCE BŒHM

Bœhm [1] a pris en considération comme Maxim, dans la construction de sa lampe, de sauver l'enveloppe de verre, si le filament de charbon vient à se rompre. Le récipient en verre gg (fig. 21) se termine par un large col, auquel est soudé sur le côté un tuyau r, qui sert de raccord avec la machine pneumatique. La fermeture du récipient en verre est faite par un bouchon en verre soigneusement introduit dans le prolongement en forme de tube ss, dans lequel sont soudés par fusion les fils de platine destinés à la conduite du

1. *Le Technicien*, New-York, IV, page 21.

courant, et à leur extrémité intérieure est fixé le charbon qui forme une courbe ondulée. Le bouchon poli est muni d'un canal courbé c, lequel dans une certaine position du bouchon entre en communication avec le tuyau r. Lorsque le vide est suffisamment fait dans le récipient en verre, on tourne simplement le bouchon et cela empêche toute communication de l'air extérieur avec l'intérieur du récipient.

Il est clair, que pour remettre un nouveau filament de charbon en place de celui qui a été détruit, on n'a qu'à enlever le bouchon en verre, à fixer le nouveau filament aux fils de platine, à faire le vide dans le récipient, et la lampe se trouve de nouveau propre à fonctionner.

LAMPE A INCANDESCENCE DIEHL

La lampe Diehl est, autant sous le rapport de sa construction que sous celui de sa marche, tout à fait différente des lampes à incandescence dont nous venons de nous occuper. Nous avons dit plus haut, qu'une des difficultés capitales dans la construction des lampes en question, était de souder des fils conducteurs avec le verre de la lampe tout en conservant l'étanchéité absolue à l'air.

Diehl tourne cette difficulté en ne faisant passer aucun fil à travers l'enveloppe de verre. Le récipient en verre de sa lampe consiste en deux tubes en verre gg et GG, fermés par le haut et introduits l'un dans l'autre, dont les bouts inférieurs libres sont fondus ensemble, de sorte que la coupe longitudinale donne un $\cap$. Le cylindre intérieur en verre est enveloppé sur sa partie extérieure d'une grande quantité de spires d, d qui sont isolées les unes des autres et qui supportent à leur bout libre le filament de charbon B. Dans l'espace creux intérieur du tube intérieur se trouve une tige de fer E entourée de quelques tours de spire d'un gros fil. Les extrémités de ce fil conduisent aux vis des pôles P, P, fixées à la monture de la lampe.

Pour allumer la lampe, les vis des pôles P, P, sont mises en communication avec les fils conducteurs d'une machine à courant alternatif. Le courant circule dans les spires de gros fil, produit, par suite de ses changements de direction continuels, dans les spires du fil très fin d, d, qui se trouvent dans l'intérieur de la lampe, des courants d'induction, qui portent le filament de charbon à l'incandescence et à l'éclairage. Voudrait-on employer pour faire marcher cette lampe des courants continus, il faudrait intercaler sur le parcours du circuit, un interrupteur fonctionnant automatiquement.

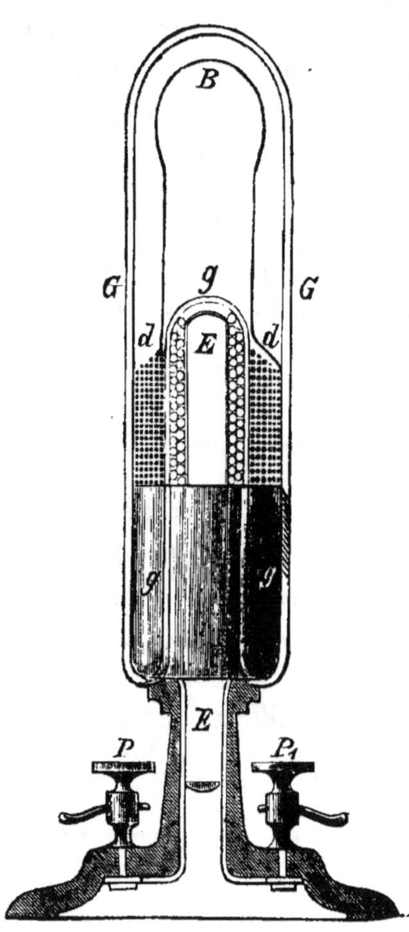

Fig. 22.

L'existence de parties non étanches est certainement évitée dans cette lampe, mais il ne faut pas oublier que par suite de l'emploi indirect des courants électriques de la machine, sous forme de courants induits, il se produit une perte de force, par suite de laquelle le fonctionnement d'une pareille lampe dans de telles conditions revient plus cher que celui de toutes les autres lampes qui utilisent directement le courant électrique.

AUTRES LAMPES A INCANDESCENCE

Par suite des résultats considérables et incontestablement pratiques qui ont été obtenus par les lampes Edison, Swan, etc., il est facile de concevoir qu'un grand nombre de constructeurs aient porté leur activité vers cette sorte de lampe. En effet, depuis quelque temps des constructions nouvelles apparaissent et déjà on pouvait en voir à l'exposition d'électricité de Munich en 1882. Parmi celles-ci on trouve par exemple les lampes à incandescence de Greiner et Friedrichs. D'après la description du brevet, le filament de charbon de ces lampes est fait avec du goudron. Uppenborn les a expérimentées à plusieurs reprises et a trouvé dans le dernier envoi qui lui a été fait, que la consommation du courant s'élève environ à 60 volts et 1,1 ampère ; elles auraient par conséquent une faible consommation de courant.

Un autre modèle de moindre résistance est destiné aux écoles ; il donne avec huit éléments Bunsen une bonne lumière, la consommation du courant y est naturellement plus considérable.

On pourrait encore citer les lampes de Muller, Cruto, Puley[1], la nouvelle lampe à fil de platine d'Edison[2]

1. Uppenborn, *Revue sur l'enseignement de l'électricité appliquée*, volume IV, pages 275, 289, 447.
2. Ibid., vol. IV, p. 127.

et d'autres dont la description nous entraînerait trop loin.

COMPARAISON DES LAMPES A INCANDESCENCE ET A CONDUCTIBILITÉ IMPARFAITE

Les résultats pratiques des lampes à incandescence n'ont pas seulement excité l'attention et les efforts des inventeurs, mais ils ont encore engagé beaucoup d'hommes spéciaux à déterminer les mesures comparatives des lampes à incandescence entr'elles ainsi qu'avec la lumière de l'arc voltaïque et l'éclairage au gaz. Les résultats des observations faites dans cette voie peuvent trouver ici quelque place.

Il a été publié par le comité d'expérience de l'exposition internationale d'électricité de Paris (G. F. Barker, W. Crookes, A. Kundt, E. Hagenbach, et E. Mascart), un rapport détaillé sur les lampes à incandescence Edison, Swam, Maxim, et Lane Fox. Les valeurs en chiffres qui en résultent sont classées ensemble dans le tableau page 57.

Le comité résume ainsi qu'il suit les résultats de ses travaux :

1. Le rendement maximum des lampes à incandescence ne peut pas, dans les conditions actuelles, dépasser trois cents bougies normales par cheval-vapeur;

2. La production de lumière la plus avantageuse résulte de la plus forte incandescence des lampes;

3. Les lampes de haute résistance intérieure donnent plus d'économie dans la production de lumière, que les lampes de résistance moindre, et utilisent plus avantageusement le courant;

4. L'examen de l'effet lumineux relatif de ces quatre lampes par rapport au pouvoir lumineux obtenu par

le courant produit par un cheval-vapeur donne les résultats suivants (on a adopté ici pour unité une flamme normale de 7,4 bougies de Spermacetti).

	Edison.	Swan.	Lane Fox.	Maxim.
A. 16 bougies..... Force de lumière.	26.5	24.0	23.5	20.4
B. 32 bougies..... Force de lumière.	41.5	37.4	35.5	32.4

Pour obtenir avec ces lampes une force de lumière double, il a fallu élever l'énergie électromotrice dans les lampes de Maxim et de Fox de 26 0/0, d'Edison de 28 0/0, et de Swan de 37 0/0.

Andrew Jamieson a également publié dans un rapport étendu les résultats de ses recherches[1]; nous en extrayons le tableau graphique ci-après qui donne les rapports entre le pouvoir éclairant et la consommation (fig. 23).

D'après ce diagramme les lampes ci-après fournissent pour une consommation de 6,5 sec. kgm.

Celle d'Edison . . . . . 37 bougies normales
    Lane Fox . . . . . 27 —
    Maxim. . . . . . . 22 —
    Swan.. . . . . . . 14 —
    Swan (globe mat.) 8 —

Si ces chiffres n'indiquent pas absolument les valeurs réelles, ils servent cependant très bien de chiffres comparatifs. Le diagramme fig. 24 indique la décroissance de la résistance avec l'accroissement de la force électromotrice; il fait voir, que dans des circonstances

1. *L'Électricien*, tome III, page 125.

normales, la résistance des filaments de charbon mesurée à froid est le double plus forte que lorsque ceux-ci sont portés à l'incandescence.

ÉTABLISSEMENT DU VIDE DANS LES LAMPES A INCANDESCENCE

Ainsi que nous l'avons répété dans la description des diverses lampes à incandescence, une privation absolue

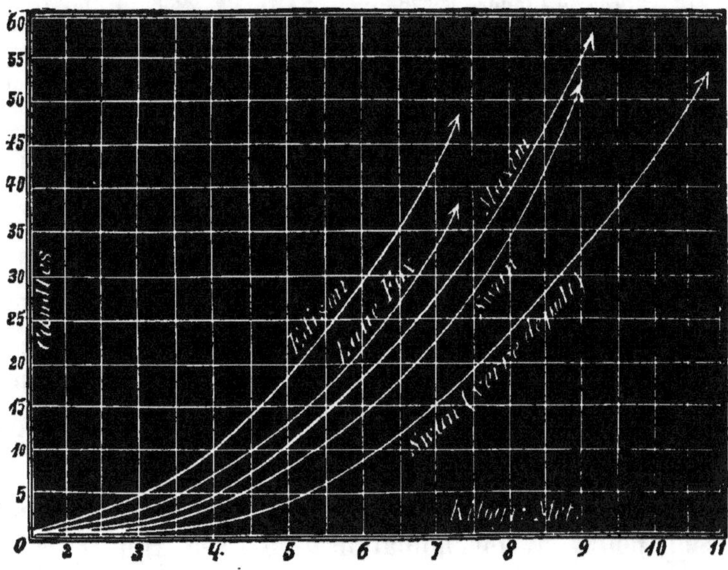

Fig. 23.

d'air et par conséquent d'oxygène dans le récipient en verre qui renferme le filament de charbon, est une condition essentielle, si l'on ne veut pas que dans le fonctionnement de la lampe le charbon ne soit détruit en peu de temps. Pour produire une si haute raréfaction de l'air, désignée sous le nom de vide, les machines pneumatiques employées pour les usages ordinaires sont insuffisantes. Celles-ci, même étant d'une construction supérieure, ne produisent une raréfaction d'air qui ne va que jusqu'à 2 ou 1,5 mil. de la co-

-lonne de mercure. Il a donc fallu employer des machines pneumatiques à mercure. Il en existe de deux
sortes de construction; l'une est basée sur l'emploi
du vide barométrique, l'autre sur l'effet absorbant
d'un filet de mercure tombant dans l'intérieur d'un tube. La pre-
mière est souvent em-
ployée sous la forme de
construction choisie par
Geissler, la seconde a
reçu de Sprengel une
forme pratique. Edison
emploie pour faire le
vide dans ses lampes à
incandescence une com-
binaison des deux ma-
chines pneumatiques,
qui se trouve représen-
tée par la figure 25.

Sur la tablette en
bois verticale I, le sys-
tème à tubes et à réser-
voir du côté gauche re-
présente la machine
pneumatique de Geiss-
ler, celui de droite la

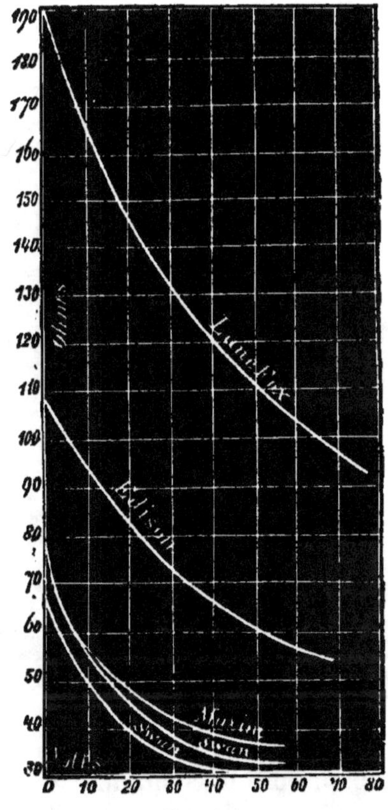

Fig. 21.

machine pneumatique de Sprengel, et celui du milieu
une installation pour la mesure du vide. Examinons d'a-
bord la machine pneumatique de Geissler. Les parties
principales sont le récipient en verre A, dans lequel on
produit le vide, le tube en verre B soudé par fusion au
bas de ce récipient, avec son prolongement en forme
d'un tuyau de caoutchouc, qui a son embouchure dans

le flacon C, les tuyaux de chute D, soudés à la partie supérieure du récipient A, le robinet en verre ou en acier,
les tuyaux de raccordement F avec le vase à sécher G, et
enfin, les tuyaux qui en partent et qui sont munis d'un
robinet, et dont les tubes prolongés en forme de fourchette sont soudés aux lampes à incandescence que l'on
doit purger d'air. Le robinet E sert à établir ou à in-

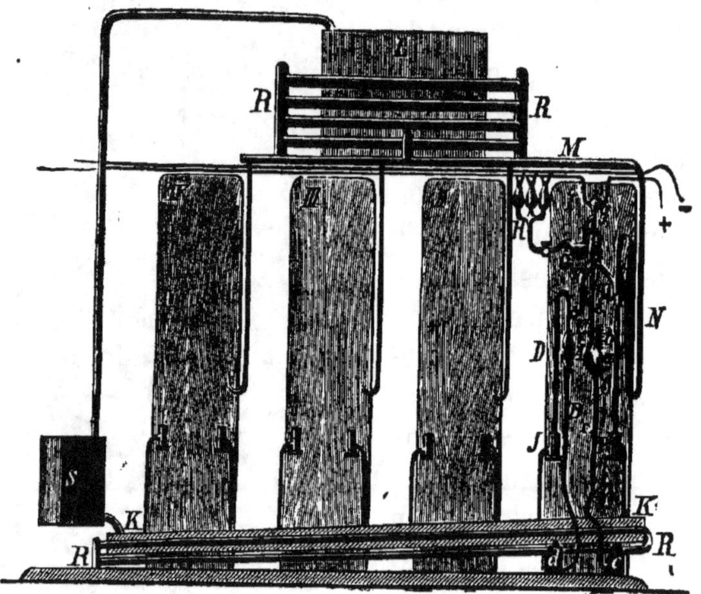

Fig. 25.

terrompre la communication entre le recipient A et les
lampes à incandescence. Les tubes B et D ont une longueur de $0^m,760$ (la hauteur moyenne barométrique).
Soulève-t-on le flacon C rempli de mercure dont le robinet E est fermé, le mercure s'écoule alors de ce
flacon dans le tube B, remplit le récipient A et se rend
enfin par le tuyau d'écoulement D dans le vase J, d'où
il s'écoule de nouveau dans les tuyaux accumulateurs K. — Par suite de cette opération, tout l'air se
trouve chassé des tubes B et D ainsi que du récipient

	LAMPES d'un pouvoir éclairant de 16 bougies.				LAMPES d'un pouvoir éclairant de 32 bougies.			
	Edison	Swan	Lane Fox	Maxim	Edison	Swan	Lane Fox	Maxim
Force de bougies.....	15.38	16.61	16.36	15.96	31.11	32.21	32.71	31.93
Ohms...............	137.4	32.78	27.40	41.11	130.03	31.75	26.59	39.60
Volts..............	89.11	47.30	43.63	56.49	98.39	54.22	48.22	62.27
Ampères...........	0.651	1.471	1.593	1.380	0.7585	1.758	1.815	1.578
Volt-Ampères........	57.98	69.24	69.53	78.05	74.62	94.88	87.65	98.41
Kgmtr.............	5.911	7.059	7.089	7.939	7.604	9.67	8.936	10.03
Lampes par force chev.	12.73	10.71	10.61	9.48	9.88	7.90	8.47	7.50
Boug. p. force de chev.	196.4	177.92	173.85	151.27	307.25	262.49	276.89	239.41

A. Si on baisse de nouveau le flacon C, le mercure redescend dans le tube B ainsi que dans le récipient en verre A, avec lequel il est soudé, et cette opération aussi longtemps que l'abaissement du niveau du mercure dans le flacon C ne correspond pas à la partie supérieure du mercure dans le tube B, c'est-à-dire au niveau de la hauteur barométrique. Le mercure monte dans le tube D jusqu'à ce que la différence du niveau du mercure dans le vase J et du niveau du mercure dans le tube D soit égale à la hauteur barométrique. Ainsi qu'il a été dit précédemment, le tube B est un peu plus long que la hauteur barométrique moyenne, par conséquent, le récipient A étant situé au-dessus de cette hauteur est par suite vide de mercure et d'air. Si l'on ouvre le robinet E, l'air passe du tube F, du vase sec G, des lampes H, dans le récipient A, et dans tous ces espaces règne un air déjà fortement raréfié. Alors, par suite de l'ouverture du robinet E, la communication entre les lampes H et le récipient A est de nouveau interrompue et le flacon C de nouveau soulevé, le mercure entrant par suite dans le récipient A, chasse l'air provenant des lampes à travers le récipient A, par les tubes D, et si, dès que le mercure commence à s'écouler par les tubes d'écoulement, on baisse de nouveau le flacon, il se produit de nouveau un vide en A. En ouvrant à nouveau le robinet E, une partie de l'air passe comme auparavant des lampes dans le récipient A, et la pression de l'air diminue encore dans les lampes. Ces opérations se répètent aussi longtemps qu'il est nécessaire pour que la raréfaction de l'air dans les lampes ait atteint le degré voulu.

La pompe construite d'après le principe de Sprengel et qui est adaptée sur le côté droit de la planchette, agit de la manière suivante : le mercure s'écoule du réservoir L par les tubes M, et le tube deux fois coudé N dans les tuyaux de chute O, parvient dans le vase P et de là dans les tubes accumulateurs K. En même temps le mercure extrait l'air du vase Q d'où il résulte une raréfaction de l'air. En conséquence l'air se précipite par les tubes de raccordement visibles sur le dessin, des lampes dans le vase Q, et est entraîné par le mercure qui tombe par les tuyaux de chute. Par suite de cette installation l'air qui se trouve dans les lampes est soumis à une raréfaction constante. Comme on voit par la gravure, les deux machines pneumatiques sont réunies par un système de tubes communs, aussi les deux machines participent-elles à la raréfaction de l'air. La machine pneumatique de Sprengel peut seulement produire toute son efficacité si la pression de l'air extérieur, plus la pression du mercure mesurée du niveau du réservoir L au coude supérieur des tubes N est plus grande que la pression de l'air dans l'intérieur des lampes et les parties de verres qui s'y raccordent, plus la pression de la colonne de mercure dans les parties verticales des tubes en verre N.

Le système à tubes et vases adapté dans le milieu de la planchette I représente l'arrangement indiqué par Mac Leod, pour mesurer la pression de l'air dans l'intérieur des lampes, le manomètre à mercure. Il se compose d'un globle en verre a, qui porte à la partie supérieure un tube en verre fermé b, et à la partie inférieure le tuyau C, qui se termine par un tube en caoutchouc qui se trouve relié au flacon d. Immédiatement au-dessous du globe a, part du tube c montant vers le vase à sécher un tube e qui est en communication avec les machines pneumatiques et les lampes. Le tube c, mesuré depuis le bas du point de branchement du tube e a une longueur à peu près correspondante à la hauteur barométrique moyenne. Si donc l'air est raréfié dans les machines pneumatiques et dans les parties qui sont en communication avec elles, la pression atmosphérique extérieure agit sur le niveau du mercure dans le flacon d, fait monter le mercure dans le tube c et alors par la hauteur de cette colonne de mercure on peut mesurer la pression atmos. phérique qui existe dans les lampes. Si l'air a été extrait des lampes, à peu près à 1^{mm} de la colonne de mercure, le mercure dans le tube e est près du point de branchement du tube e. Il n'est pas possible de cette manière de mesurer une plus grande diminution de pression, d'abord parce que la surface de la colonne de mercure n'est pas plane, mais courbe, et on ne peut de cette manière mesurer des fractions de millimètres. Pour mesurer dans ces conditions, on lève le vase d, on force le mercure à monter dans le globe a d'un côté et de l'autre côté dans le tuyau e. Mais dès que le mercure a dépassé le point de branchement des tuyaux supérieurs (au-dessus du globe), il ferme la communication entre l'air dans le globe en verre d et les machines pneumatiques. Le mercure réduit alors à un très petit volume l'air qui était encore dans le globe de verre et dans le tube en verre qui y est soudé, pendant que l'air se retire du tube e dans les autres parties des machines pneumatiques ; il trouve ici un si grand espace proportionnellement à sa petite quantité que sa raréfaction ne peut pas se mesurer d'une manière absolue. Mais il en est tout à fait autrement avec le globe a ; l'air renfermé dans l'espace du globe relativement grand est pressé sur un très petit espace du tube b, et par suite la pression augmente considérablement dans cet espace. Cela se voit aussi, en effet, parce que le mercure monte sensiblement plus haut que dans le tube b. — Si l'on

connait donc le volume du globe, celui du tube, ainsi
que le volume de l'air après sa pression dans le tube,
on peut trouver, en mesurant la colonne de mercure
dans le tube *e* (mesurée au niveau du mercure dans le
tube *b*), la pression de l'air dans les machines pneumatiques; car on a, si l'on désigne par V le volume du
globe, par *v* celui du tube, *x* la pression inconnue et *p*
la hauteur de la colonne de mercure dans le tuyau *e*,
comme condition de l'équilibre, l'équation

$$(V + v)\,x = v\,(p + x)$$

d'où

$$x = \frac{v}{V}\,p\,.$$

La proportion $\frac{v}{V}$ a été naturellement déterminée d'a-
vance, de sorte qu'on n'a qu'à mesurer la hauteur de
la colonne de mercure dans le tube *e* pour connaître
la pression atmosphérique dans les machines. Comme
$\frac{v}{V}$ est une fraction naturelle comme par exemple 1/50,
1/100, etc., il en résulte que la colonne de mercure
mesurée indique 10 fois, 100 fois, etc., la pression
réelle, et que de cette manière les parties de fraction
d'un millimètre peuvent être exactement mesurées.

Avec le manomètre à mercure dont il vient d'être
donné l'explication il y a une autre disposition pour
indiquer à l'ouvrier le moment où la raréfaction de l'air
dans les lampes est suffisamment avancée. Le manomètre se termine à cet effet par le haut par un petit
globe en verre *g*, dans lequel sont soudés deux fils de
platine placés l'un vis-à-vis de l'autre. L'intervalle entre
les deux bouts des fils de platine dans le globe en
verre *g* forme un point d'interruption dans le circuit
(+ —) d'une source d'électricité; dans le même circuit

sont aussi intercalées les lampes à vider. La longueur du tube *e* est fixée de telle manière que le mercure atteint les fils de platine à la raréfaction de l'air déterminée que l'on désire obtenir dans les lampes. Le mercure établit alors la communication entre les deux fils, ferme le circuit et porte à l'incandescence les filaments de charbon qui se trouvent dans les lampes. L'ouvrier voit par là, le moment où il peut enlever les lampes en fermant par soudure la partie terminée en petit tube qui se trouve fixée à la fourchette.

Comme il s'agit d'obtenir dans la construction des lampes une très haute raréfaction de l'air, il faut avoir soin de faire attention à ce que le mercure soit complètement sec et n'absorbe point de gaz. On empêche l'humidité de pénétrer en se servant d'acide phosphorique anhydre qui est connu par son avidité extraordinaire pour l'eau et qui se trouve dans le vase G, et de plus on chauffe le mercure par un système de tubes R dans lesquels circule de la vapeur d'eau.

L'opération de vider les lampes en faisant fonctionner les pompes à la main serait trop lente. Edison emploie des appareils mécaniques pour soulever le mercure et le conduire dans les pompes. On établit des batteries entières de ces pompes (voir I-II-III-IV figure 25) qui reçoivent le mercure du réservoir L. Le mercure coulant de toutes ces machines pneumatiques à mercure, est recueilli dans une rigole KK et refoulé par une pompe foulante du vase S dans le réservoir L.

Louis Bœhm de la *Américan Électric Light C°...* dont la lampe à incandescence a été décrite plus haut, se sert également pour l'évacuation des lampes d'une semblable combinaison de machines pneumatiques à mercure[1].

1. *Le Technicien*, New-York, volume IV, page 21.

2°. — *Lampes à incandescence à contact imparfait.*

Les lampes à incandescence à contact imparfait ou les lampes mi-incandescentes sont une invention de ces dernières années. C'est Varley, qui d'après Fontaine construisit le premier une lampe de ce genre. Il en donne la description dans un brevet qu'il prit en 1876, pour une machine électrique. Cependant, les lampes inventées par Reynier, Marcus et Werdermann, en 1876, sont les premières qui ont fonctionné régulièrement.

Dans ces lampes, la lumière se produit à l'air libre au point de contact des deux électrodes. Werdermann a prouvé par des expériences nombreuses que lorsqu'on diminue la section transversale du charbon positif et qu'on augmente en même temps celle du charbon négatif, ce dernier diminue d'intensité lumineuse, pendant que le premier parvient à une incandescence toujours de plus en plus forte. La résistance que le courant rencontre au point de contact des deux charbons est augmentée par suite de l'inégalité des coupes transversales, et par conséquent l'échauffement augmente. A la proportion de 1 : 64 de la coupe transversale du charbon positif à celle du charbon négatif, ce dernier ne s'échauffe pour ainsi dire plus et ne subit par conséquent pas de diminution, pendant que le charbon positif, se consomme d'une manière régulière en produisant une lumière belle et fixe.

LAMPES A INCANDESCENCE REYNIER

Le principe de ces lampes est caractérisé par du Moncel dans la communication suivante faite à l'Académie de Paris :

« Si une mince baguette de carbone pressée latéra-
lement par un contact élastique et poussée, suivant
son axe, sur un contact fixe, est traversée entre ces deux contacts par un
courant assez énergique, elle devient
incandescente dans cette partie, et
brûle en s'amincissant vers l'extrémité. A mesure que l'usure du bout
se produit, la baguette, continuellement poussée, progresse en glissant
dans le contact élastique, de manière
à buter sans cesse sur le contact fixe.
La chaleur, développée par le passage
du courant dans la baguette, est gran-
dement accrue par la combustion du
carbone. »

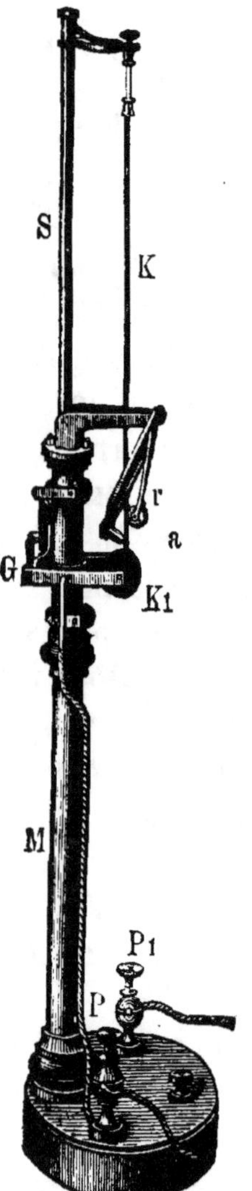

Fig. 26.

Dans le principe, Reynier plaçait
verticalement un crayon fin de charbon sur un petit bloc de charbon en
munissant le premier d'un contact latéral. Le crayon formait le pôle positif et le bloc le pôle négatif. Mais
cette disposition a bientôt été aban-
donnée, parce qu'elle avait l'inconvénient en brûlant de laisser déposer
sur le bloc les cendres et les résidus
(particules minérales) provenant du
crayon de charbon, ce qui nuisait à
l'efficacité du contact. Reynier, remplaça alors le bloc par un disque
tournant en charbon, sur lequel venait
buter le crayon de charbon. La pression de côté
qu'exerce ainsi le crayon de charbon et son support sur le
contour du disque en charbon, force ce dernier à tourner

lentement et amène de cette manière toujours de nouvelles parties du disque en contact avec le crayon de charbon.

La construction de cette lampe est représentée figure 26. Une tige en laiton S, sert de support au crayon positif K et descend entre des poulies dans le tube en laiton M. Le disque en charbon de forme circulaire K constitue le charbon négatif, dont l'axe tourne sur un arbre isolé G, fixé sur ce tube ; celle-ci repose (par un bout au point G) sur un levier, qui presse sur la tige de laiton, et sert de frein pour prévenir une descente trop rapide du charbon positif. Le crayon de charbon K est conduit au moyen d'une poulie en cuivre r qui tourne sur un bras posé à angle droit ; l'introduction du courant se fait au moyen d'un petit bloc de charbon fixé au dit bras, qui se maintient toujours en contact avec l'électrode par suite de son propre poids. Le courant entre par la borne P_1, passe par le corps de la lampe et le bloc de charbon dans le crayon de charbon positif, de là dans le disque à charbon négatif à travers ses supports qui sont isolés de la lampe, et revient par le conducteur à la borne P.

Les crayons de charbon ont un diamètre de 2 millim., une longueur de 30 centimètres et durent deux heures. L'intensité lumineuse varie suivant le nombre des lampes qui sont intercalées dans le circuit d'une machine. Cette intensité égalait treize becs carcels avec six lampes intercalées dans le circuit d'une machine Gramme, qui faisait neuf cent vingt tours à la minute.

L'intensité de la lumière totale atteignait soixante dix-huit becs carcels, pendant qu'un régulateur de Serrin par exemple, rendait dans les mêmes conditions trois cent vingt becs carcel.

La lampe à incandescence de Marcus de Vienne a en

substance la même construction et ne se distingue de celle que nous venons de décrire que parce qu'elle possède à la place du disque en charbon, un cylindre dont l'axe est muni d'un pas de vis ; par suite il existe dans le mouvement rotatif du cylindre un déplacement constant de son axe de rotation qui semble avantageux dans un fonctionnement de longue durée de la lampe.

Le modèle de la lampe Reynier, actuellement employé, est représenté par la figure 27. Sur une planchette P en métal sont fixés deux tuyaux enfoncés l'un dans l'autre, dont l'un p_1 est isolé du plateau principal (par la bague noire du dessin), pendant que l'autre tube intérieur p_2 est en communication avec le plateau principal et par celui-ci avec la borne du pôle +. Le tube extérieur p_1 est en communication avec la borne isolée du pôle —, au moyen d'un fil. Les deux tubes sont isolés l'un de l'autre. La fourchette G, qui porte le sommet du contact c, est fixée au tube intérieur p_2 ; la

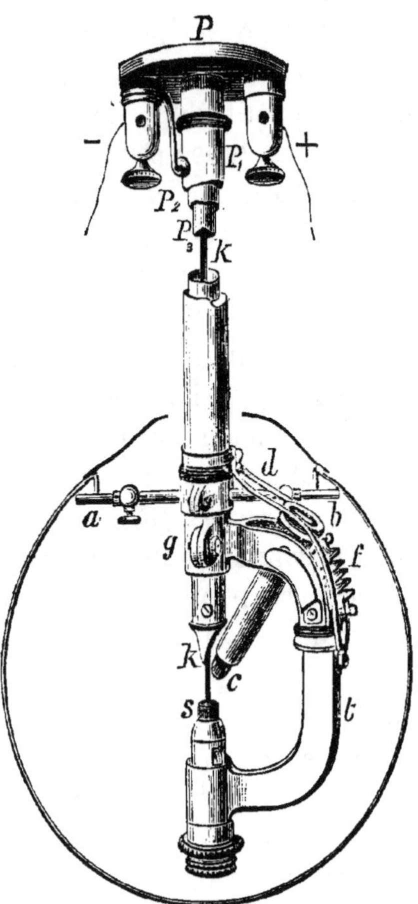

Fig. 27.

pointe de ce contact est faite d'un morceau de graphite enchâssé dans un tube de laiton, qui se trouve poussé contre le crayon de charbon K par le ressort f. Le porteur t, isolé de la fourchette, est fixé à l'extrémité inférieure de celle-ci par le pôle négatif, qui est composé également, comme la pointe de contact c, d'un morceau de graphite enchâssé dans du laiton. La monture en laiton est fixée au support t au moyen d'une fermeture à bayonnette. Le morceau de graphite s est en communication directe par le support t et le fil en forme de fourchette d, avec le tube extérieur p_1. Le crayon de charbon K, est serré, par le poids du cylindre p_3 contre le morceau de graphite s. Les bras a et b servent de support au globe de verre.

La marche du courant dans la lampe est par conséquent la suivante. Le courant entre par la borne $+$, passe par le plateau inférieur P dans le tube inférieur p_2, et par celui-ci et la pointe du contact c dans le crayon de charbon K, où se produit l'incandescence par suite du contact imparfait avec s, rentre dans le support t, le fil d et le tube p_1, et revient à la borne négative $-$.

Le diamètre des crayons de charbon actuellement en usage est de 2 mm. 5 sur un mètre de longueur; la durée de l'incandescence est d'environ six heures.

La longueur de la partie incandescente peut varier de 4 à 8 millimètres et la lumière produite correspond de 5 à 20 becs carcel. Avec 8 éléments Bunsen plats, grand modèle, on produit une lumière équivalente à environ 12 becs carcel. Si la lampe est alimentée par le courant d'une machine électrique, elle donne 30 à 40 becs carcel par cheval-vapeur. Le remplacement d'un nouveau crayon de charbon se fait simplement de la manière suivante : la fermeture à bayonnette du porte-charbon négatif est ouverte et par suite le crayon peut être introduit, par le bas, dans le tube vide. L'intercalation de plusieurs lampes semblables dans un circuit est pratique et se fait sans aucune difficulté. (Voir chapitre : *Conducteurs spéciaux et dispositions diverses*, du volume qui traite des installations d'éclairage électrique.)

LAMPE A INCANDESCENCE DE WERDERMANN

Cette lampe se distingue des autres surtout parce que ses dispositions fonctionnent en sens inverse. Werdermann place le charbon négatif en haut et le positif en bas. (Fig. 28.)

Le crayon de charbon positif est suspendu au moyen de cordons, qui passent en r sur des poulies et portent comme contrepoids le cylindre c ; par le poids du cylindre c, la tige est pressée contre le disque de charbon s et le contact s'établit de cette manière. Le disque de charbon s est fixé à un bras horizontal tournant autour du pivot z, lequel porte à sa deuxième extrémité un contrepoids p qui peut être déplacé. Pour maintenir le contact toujours indépendant de l'embrasement de la lampe on a fixé sur le bras horizontal un ressort f, qui presse sur le rebord b. L'effet de cette disposition est le suivant: si la pointe de charbon est fortement pressée contre le disque, le ressort f agit en même temps avec force sur le rebord b, serre le crayon de charbon et l'empêche d'avancer, mais lorsque, par suite de l'usure du crayon le contact devient mauvais, la pression du rebord lié au ressort diminue et permet au crayon de charbon d'avancer. On évite aussi une trop forte pression du crayon contre le disque de charbon, ce qui pourrait faci-

lement le briser et faire brûler la lampe d'une manière
irrégulière. Plusieurs de ces lampes peuvent également
être placés en tension dans le même circuit, parce que, si
une lampe vient accidentellement à s'éteindre et qu'il
n'y ait plus contact entre le crayon et le disque, le
bras horizontal s'abaisse et constitue un contact métallique qui fait sortir cette lampe du circuit. De cette ma-

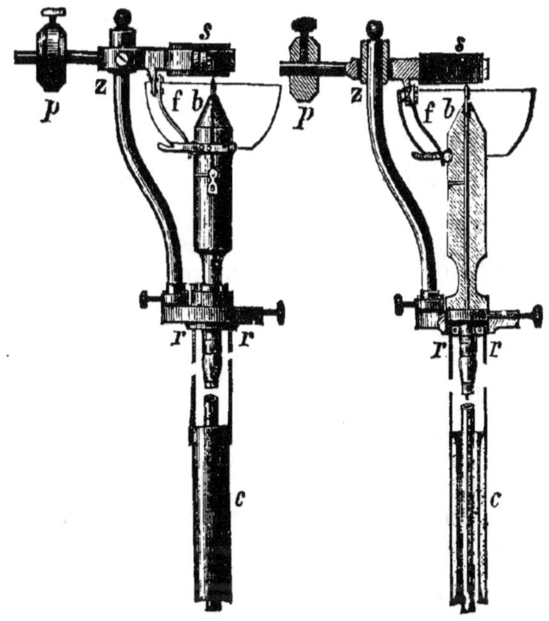

Fig. 28.

nière, on évite l'extinction simultanée des autres lampes.
L'emploi du rebord mobile indiqué plus haut, qui agit
comme une espèce de frein, a cependant le désavantage
d'être assujetti à une usure rapide et de donner par
suite un mauvais contact, pour le passage du courant du
rebord dans le charbon parce que les bords supérieurs
du frein s'élargissent, et qu'alors les deux rebords se
touchent sans former avec le charbon un contact certain. La lampe brûle alors irrégulièrement ou refuse

tout service. L'usure est encore provoquée d'un côté par le mouvement continuel d'un des rebords qui occasionne un frottement forcé, et de l'autre par un échauffement violent et persistant.

Pour obvier à ces inconvénients, Napoli a imaginé plusieurs dispositions[1]. L'une d'elles consiste à remplacer les deux rebords par de petites tiges métalliques, qui ont à peu près le même diamètre que les crayons de charbon. Par suite de cette disposition, les deux parties du frein ne viennent jamais en contact direct, quelle que soit la manière dont elles s'usent.

LAMPE A INCANDESCENCE LESCUYER

Nous rencontrons ici une lampe absolument semblable à celles que nous venons de décrire. Ici aussi une mince tige de charbon K (fig. 29), vient heurter un disque de charbon k à large section transversale ; ce dernier est enchâssé dans une bague en cuivre supportée par l'étrier f et la colonnette s. La colonnette repose sur une équerre en fer qui est fixée sur le tube r et isolée. Le glissement de la tige de charbon positive qui se trouve dans le tube r est produit par Lescuyer au moyen d'un ressort en spirale f, ou par l'air comprimé ou encore par le propre poids de la tige si le disque de charbon doit se trouver au-dessous du crayon. L'extrémité supérieure du tube r est rétrécie de telle sorte que la tige de charbon ne peut y passer que difficilement. Sous la colonnette s est adapté un électro-aimant qui, par suite de l'attraction de son noyau, fait tourner le levier h autour de x et, par ce moyen, presse la pointe

1. E. Hospitalier, *Les principales applications de l'électricité,* 2ᵉ édition, page 173.

de contact *s*, fixée à la partie supérieure contre le crayon de charbon; une vis permet de régler à volonté cette pointe de contact.

Le courant entre par la borne du pied *h* de la lampe, passe par la tige de charbon dans le disque de charbon, de celui-ci par le bras *f*, et la colonnette *s* dans l'électro-aimant *e* et abandonne la lampe par la 2e borne qui est isolée. Aussi longtemps que le crayon est pressé contre le disque, l'électro-aimant est assez fort pour serrer la pointe de contact contre le crayon de charbon et l'empêcher de monter. Lorsque la pointe du crayon est brûlée, la résistance dans le circuit s'élève, l'aimantation perd de sa force, la pression de la pointe de contact sur le charbon positif diminue et le ressort *f* opère la marche en avant du

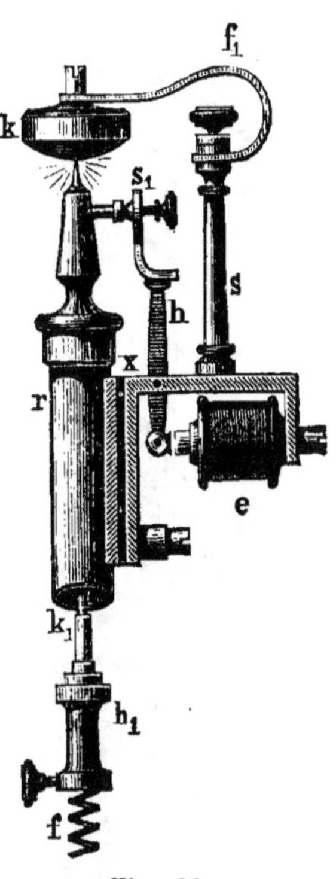

Fig. 29.

crayon. Les deux charbons arrivent de nouveau au contact, et la disposition primitive de la lampe est par suite rétablie à nouveau.

LAMPE A INCANDESCENCE BROUGHAM

Cette lampe est privée de tout mécanisme; on s'est appliquée d'une manière spéciale à empêcher l'air de pénétrer dans la lampe pour arriver à augmenter sensiblement la durée de service du crayon de charbon.

Le cylindre en verre *gg* (fig. 30) est fermé par un couvercle *ss*. — Sur le couvercle est fixé un tube qui est recouvert intérieurement d'une matière isolante et qui

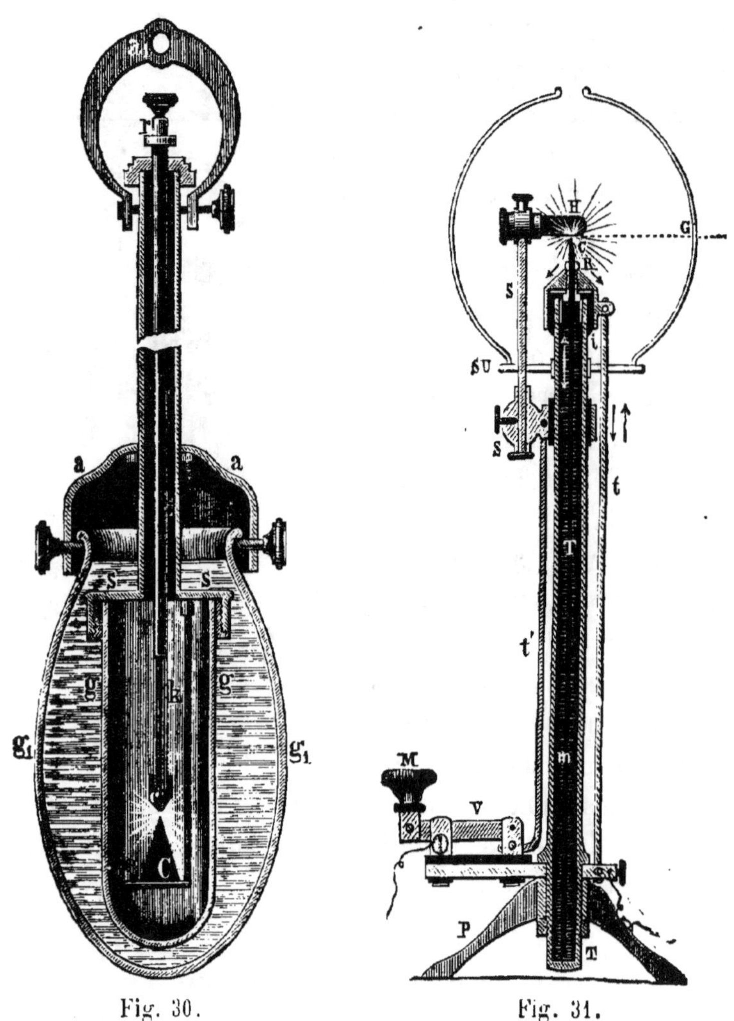

Fig. 30.
Fig. 31.

renferme en lui un deuxième tube sensiblement plus étroit *rr*. — Dans le tube étroit se trouve la tige de charbon K, qui avec l'aide d'un petit poids est poussée de haut en bas par la vis en platine *c*. En face de cette

vis se trouve un morceau de cuivre C de la forme d'une
pyramide sur la pointe de laquelle repose le crayon de
charbon. La pyramide en cuivre est fixée au moyen
d'une barre au couvercle *ss*. Après l'introduction de la
tige de charbon dans le tube *rr*, on ferme celui-ci
hermétiquement à sa partie supérieure et toute la lampe
est installée dans le vase g^1g^1 rempli d'eau. Le couvercle *aa* sert à prévenir l'évaporation de l'eau, et est
fixée comme le vase g^1g^1 sur un prolongement du tube
le plus large.

Le courant entre par la partie supérieure du tube *rr*,
parcourt celui-ci ainsi que le crayon de charbon,
parvient dans la pyramide en cuivre et quitte la lampe
par le support et le tube extérieur. Le crayon de charbon brûle comme dans les autres lampes à incandescence, et descend de la même manière; mais dès que
l'oxygène de l'air enfermé dans le réservoir *gg*, est
absorbé, ce qui arrive à peu près au bout d'une heure,
la consommation de la tige de charbon n'a lieu que
très lentement (environ 3 mill. par heure). La durée de
la combustion est de cette manière extraordinairement
prolongée.

36 lampes intercalées dans le circuit d'une machine
dynamo-électrique Gramme petit modèle ont produit,
dit-on, chacune une lumière égale à 35 bougies normales.

LAMPE A INCANDESCENCE DUCRETET

Cette lampe est plutôt appropriée pour les labora-
toires et les cabinets de physique que pour des usages
industriels; elle se distingue du reste par sa simplicité
de construction. Le crayon de charbon T plonge dans
un tube rempli de mercure (fig. 31) qui tend continuel-

lement à le pousser contre le disque H, en vertu de
la tendance du charbon à flotter sur le mercure. Ce
disque est adapté par une vis au support *s* qui se trouve
isolé du tube. L'extrémité supérieure du tube est fermée
par une capsule isolée en métal; qui porte un trou dont
l'ouverture est en rapport avec le diamètre du crayon
de charbon. Cette capsule est en communication par le fil
conducteur *t* avec une borne adaptée au pied de la
lampe. La 2e borne de la lampe a la forme d'une clef
MV. pour la commodité de l'ouverture et la fermeture
du courant; cette clef est fixée isolément à un raccord
sur le côté de la lampe. Elle n'est pas en communication avec le corps de la lampe, mais par le fil t^1 avec le
support *ss* du disque de charbon. Dès que la lampe est
intercalée dans le circuit d'une source d'électricité, la
tige de charbon brûle petit à petit, et se trouve par suite
de la poussée continuelle du mercure, toujours en
contact avec le disque de charbon. Lorsque la lampe
brûle longtemps, la capsule en métal B s'échauffe fortement, mais cet échauffement ne se communique,
comme l'expérience l'a prouvé, qu'à la partie supérieure
du mercure et dans une très faible proportion, et la
plus grande partie de la chaleur passe par le gros fil *t*
dans le pied de la lampe, où elle trouve des surfaces
suffisantes à un rayonnement extérieur rapide. De cette
manière on évite la production gênante de vapeurs de
mercure.

Dans la lampe à incandescence de Clamond[1] c'est
également un disque en charbon qui forme l'électrode
négative tandis que l'électrode positive se compose
d'un crayon de charbon qui se trouve au-dessus. Ce dernier passe dans un tube dont l'élargissement inférieur

1. Alglave et Boulard, *La Lumière électrique*, page 151.

contient une petite quantité de mercure qui sert à
'établissement d'un bon contact, C'est le propre poids
du crayon de charbon qui entretient le contact avec le
disque.

LAMPE A INCANDESCENCE HAUCK

Dans cette lampe la marche en avant de la tige de
charbon est également provoquée par un liquide ; mais
à la place du mercure, qui n'est point à recommander
à cause de la production continuelle de vapeurs *délé-
tères*, Hauck emploie la glycérine. Le petit crayon de
charbon K (figure 32) repose par sa partie inférieure sur
une pointe en laiton, qui est fixée à un flotteur, qui
plonge dans le cylindre C rempli de glycérine. Pour
diriger le crayon de charbon et conduire le courant on
se sert d'un tube en cuivre vissé sur le couvercle, dont
le diamètre intérieur est égal à celui du crayon de charbon et qui est pourvu, à son extrémité supérieure, d'un
raccord A, sur lequel sont fixées deux petites poulies R
à pivot. Par-dessus le tube en cuivre est placé un cylindre E en fer doux ; l'un des bouts de la spirale en fil
D qui l'entoure est en communication avec la borne P^1,
l'autre avec le cylindre E ; ce dernier porte à sa partie
supérieure une fourchette G également en fer doux,
dans laquelle peut pivoter le levier H, également en fer
doux. Ce levier est coudé en équerre à sa partie inférieure et forme le noyau de l'électro-aimant E. Comme
la fourchette est également construite en fer doux, elle
forme avec le levier un prolongement descendant de
l'électro-aimant ; il faut aussi que la partie inférieure
du levier coudée en équerre indique toujours la même
polarisation que la partie supérieure de l'électro-aimant
et, par suite, opposée à celle de la partie inférieure de

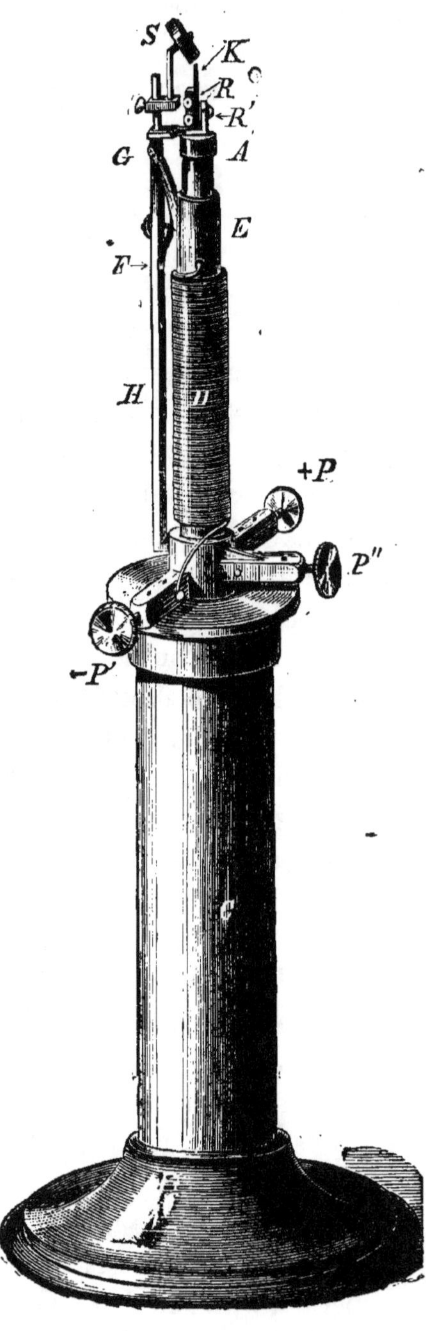

Fig. 32.

l'électro-aimant qui se trouve en face. Par suite de cette disposition, l'attraction entre l'armature et l'électro - aimant se trouve naturellement renforcée. **La partie supérieure de l'armature ou levier,** porte une pièce en équerre, sur laquelle est fixée la poulie R' légèrement mobile, ainsi que le disque en charbon S. Le ressort F sert à régler la position du levier. **Aussi longtemps qu'aucun courant** ne traverse la lampe, le disque S maintient, par son contrepoids, le levier éloigné de l'électro-aimant; cette position est encore fortifiée par le ressort F. En même temps la petite poulie R' s'éloigne de celle R, et la tige de charbon peut remonter jusquà ce qu'elle vienne se mettre en contact avec le disque de charbon. Mais si la lampe est traversée par un courant, D attire l'armature II et celle-ci serre la tige de charbon par suite de la pression de la petite poulie R', pendant que S se retire un peu en arrière. Celte disposition a en vue le double but d'empêcher une pression trop forte du crayon de charbon contre le disque, ce qui pourrait occasionner la cassure de la pointe incandescente et produire des variations dans la lumière, et, comme le serrage survient toujours un peu avant que le crayon de charbon et le disque ne soient en contact, d'aider à la formation d'un très petit arc voltaïque.

Le courant passe par la vis de serrage P dans le tube en cuivre, de là par les poulies de contact dans le crayon de charbon, puis il traverse le disque en charbon S et la fourchette G, entre dans le cylindre en fer E, parcourt les spirales D et quitte la lampe à la borne polaire P¹. Les petites poulies empêchent le crayon de charbon de remonter, aussi longtemps que la résistance dans le circuit n'a pas augmenté par suite de la combustion de la pointe de charbon et que le courant en D ait suffisamment diminué pour que l'armature II soit détachée par le ressort F de l'électro-aimant, et qu'enfin par suite de l'éloignement simultané de la petite poulie R¹ et des deux poulies R, le crayon de charbon puisse remonter.

Pour obtenir une régularité encore plus parfaite, on entoure le tube en fer de plusieurs couches de fil fin, placées en dérivation, de façon à produire, au passage du courant dans le tube en fer, des pôles magnétiques opposés au fil direct. Si la résistance augmente dans le circuit principal jusqu'à un certain degré, le courant de dérivation affaiblit le courant principal, l'aimant perd de sa force et l'armature est attirée par le ressort.

Quand le crayon de charbon est entièrement brûlé,

le levier H se couche du côté de son extrémité inférieure coudée en équerre contre un contact en platine qui est en communication avec la borne P″ et amène l'intercalation soit d'une nouvelle lampe en remplacement de celle qui vient de s'éteindre, soit d'une résistance de force égale. On obtient ce résultat de la manière suivante : aussi longtemps qu'il reste encore un bout de crayon dans la lampe, l'extrémité inférieure du levier H ne peut pas toucher le contact en platine, parce que la petite poulie R^1 le pousse contre la tige de charbon, avant que le contact dont il est question puisse avoir lieu : mais lorsque le charbon est entièrement consommé, la pointe métallique du flotteur dont nous avons parlé au commencement vient se mettre entre les trois petites poulies, et comme celle-ci est plus mince à son extrémité supérieure que le crayon de charbon, elle opère par suite un rapprochement entre les poulies et produit le mouvement de l'extrémité inférieure de H jusqu'à ce qu'il y ait rencontre avec le contact en platine.

LAMPE A INCANDESCENCE JOËL

La lampe représentée dans la figure théorique 33 possède un manteau en cuivre formé de deux parties T et H isolées l'une de l'autre, dont la partie H, avec l'aide de la dent G et du crochet T peut être mise en communication avec la partie I. L'extrémité inférieure de la partie I porte, par l'intermédiaire du tube NN, deux mordaches qui peuvent pivoter autour de J qui a la forme d'un levier à deux bras. Dans l'intérieur du tube NN se trouve, sans cependant le toucher, le tube P, qui porte à son extrémité supérieure deux poulies R et C et en bas un rebord saillant. Par-dessus les poulies

R et C et les poulies fixées au point B, passe un cordon
qui, à l'aide du contrepoids w, tient le tube R en équi-

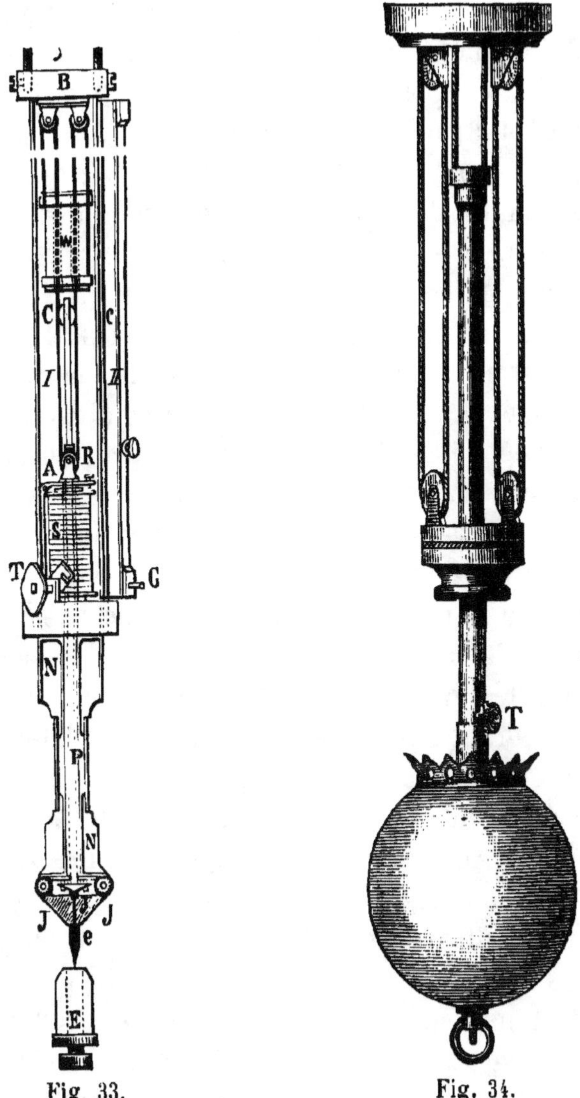

Fig. 33.   Fig. 34.

libre. Le bord inférieur du tube presse, au moyen de
deux vis minces qui peuvent se déplacer contre les bras
supérieurs des mordaches J,J. Au-dessous de la pou-

lie R, le tube P se trouve fixé à l'armature à pivot **A** de l'électro-aimant S. Cet électro-aimant est placé dans un circuit de dérivation du circuit principal.

Dans l'intérieur du tube P, le porte-charbon peut glisser librement jusqu'à venir toucher l'électrode négative E, aussi longtemps que le charbon n'est pas empêché en *e* par les deux mâchoires J,J. L'électrode négative se compose soit entièrement de cuivre ou possède une pointe de graphite et est en communication au moyen d'un bras placé sur le côté, avec la partie II du corps de la lampe.

La lampe fonctionne de la manière suivante : avant que le courant n'entre dans la lampe, le charbon positif est fixé de manière à ce que sa pointe touche le plateau négatif E. Le poids *w* tend à tirer en haut le tube P, qui par suite de son rebord inférieur et des petites vis presse sur les bras supérieurs du levier des mâchoires J,J ; l'extrémité inférieure du levier presse alors la tige de charbon et établit le contact. Le courant passe ensuite par la partie I de la lampe et parvient par NN et les mâchoires J,J dans le charbon positif *e* ; de là le courant continue son chemin par le plateau négatif et le bras placé sur le côté (qui ne figure pas sur le dessin) jusqu'à la partie de la lampe II et retourne à la source du courant. A mesure que la pointe de charbon se consomme, la résistance devient plus grande dans le circuit qui vient d'être indiqué et il en passe une plus grande partie par l'électro-aimant S placé dans la dérivation, lequel attire par conséquent son armature et fait descendre le tube P. Par ce moyen la pression contre le bras supérieur du levier des mâchoires J,J est arrêtée, les bras inférieurs se séparent et la pointe de charbon peut de nouveau descendre jusqu'à ce qu'elle touche le plateau E. Ce mouvement provoque une diminution de résistance dans le circuit de la lampe et en même temps une diminution de courant dans l'électro-aimant; ce dernier lâche son armure, par suite les mâchoires saisissent de nouveau la tige de charbon, et la position primitive de la lampe est rétablie.

Si la tige de charbon est consommée, le porte-charbon sort en partie du tube et par suite d'une simple rotation établit un court circuit qui met la lampe en dehors du courant. Si l'on veut remettre un nouveau crayon de charbon, sans déranger la marche les autres lampes allumées dans le même circuit, on met la lampe elle-même en court circuit et cela au moyen de la disposition mentionnée plus haut en introduisant le tampon G dans la partie de la lampe II et le crochet T dans la partie I.

La durée d'éclairage de la lampe varie suivant la longueur du charbon, de sept à quatorze heures. Le professeur Adams a obtenu avec la lampe Joël un pouvoir lumineux de 715 bougies par cheval-vapeur. La figure 34 indique la forme extérieure que l'on donne à la lampe dans son usage pratique.

3. — *Lampes à régulateur.*

Lorsque Davy produisit la première fois l'arc voltaïque, il se servit de deux petits bâtons de charbons de bois; mais ils avaient l'inconvénient que presqu'aussitôt après la production de l'arc, les charbons étaient tellement consommés et la distance entre leurs pointes devenait tellement grande que l'arc voltaïque, ne pouvant plus traverser l'intervalle qui les séparait, s'éteignait forcément, si on n'avait soin de pousser continuellement avec la main les charbons en avant l'un vers l'autre. En 1884

Léon Foucault diminua partiellement cet inconvénient
en employant, en place de charbons de bois, du charbon
de cornue qui est plus dense et par conséquent brûle
moins vite; il fallait cependant toujours, dans la lampe
qu'il avait construite, régler avec la main l'écartement
des pointes de charbon. Deleuil avait déjà, en 1841, fait
publiquement les premières expériences de la lumière
électrique, avec du charbon ordinaire, dans un récipient
vide d'air. Il les répéta plus tard avec la lampe de Foucault en employant des charbons de cornue, sur la place
de la Concorde, à Paris. Il est toutefois évident qu'une
lampe qui a besoin d'être réglée avec la main, ne peut
pas conduire à un résultat pratique.

Le premier qui remplaça le réglage avec la main, par
un mouvement automatique fut Thomas Wright de
Londres, en 1845. Dans sa lampe il produisait l'arc voltaïque entre deux disques circulaires qu'il mettait en
mouvement par un mécanisme quelconque. On ne fit
toutefois pas attention à cette lampe.

Ce n'est que de l'année 1848 que date un progrès réel
dans la construction des lampes. Léon Foucault en
France, Staite et Petrie en Angleterre, eurent en même
temps l'idée d'employer le courant lui-même comme régulateur de l'avancement des pointes de charbon. Cette
idée est basée sur ces deux faits: d'une part que l'arc voltaïque forme une partie du circuit et, par suite, influence
la force du courant dans le circuit, d'autre part qu'une
spirale de fil, traversée par le courant, aimante un noyau
en fer et l'attire avec une force plus ou moins grande,
suivant l'intensité du courant. Si donc on confie à ce
noyau de fer le mouvement des charbons, et si on emploie le même courant pour traverser la spirale et pour
produire l'arc, il faut évidemment que la plus ou
moins grande attraction du noyau de fer et avec elle le

mouvement des charbons dépendent de l'intensité du courant dans la spirale; mais comme l'intensité du courant est soumise aux changements de l'arc voltaïque, il s'ensuit que le mouvement du noyau de fer ainsi que celui des charbons suivra les variations de l'arc voltaïque. Le régulateur de Foucault[1] fut utilisé à l'Opéra de Paris, pour figurer le lever du soleil à la représentation du *Prophète*. Le résultat fut brillant, et depuis ce temps la lumière électrique fait partie de tous les grands opéras et ballets.

De cette époque (1848) datent la progression et le développement régulier des régulateurs, dont la plus grande partie a pour principe le réglage par le courant même de l'écartement des pointes de charbon.

Comme exemple le plus simple de ce système de régulateurs, nous décrirons en passant le

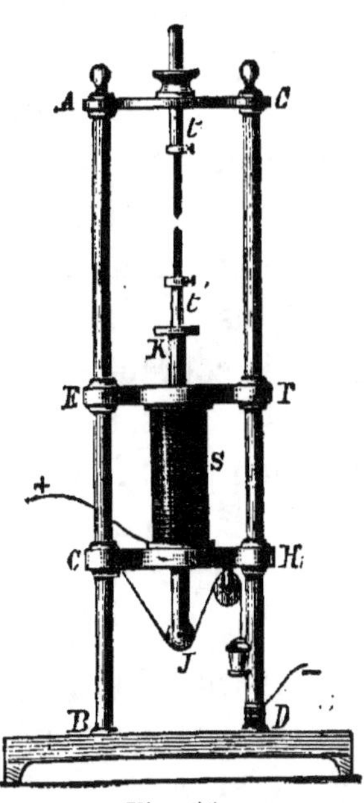

Fig. 35.

régulateur construit à cette époque par Archereau. Les deux colonnes en cuivre AB, CD, (figure 35) sont fixées sur un châssis en bois et maintenues par le haut par une traverse en cuivre AC, qui sert de support fixe au charbon positif t. Le solénoïde S est supporté par deux autres traverses isolées EF, GH, et enveloppe un tube en cuivre, dans lequel glisse à frottement doux la tige JK qui porte le charbon négatif t^1. La tige est en fer dans sa partie supérieure et en cuivre dans sa partie

____

1. Alglave et Boulard, *La Lumière électrique*, 1882, page 65.

inférieure. Elle est maintenue par une corde fixée au point G qui passe dans deux poulies et dont l'autre bout est muni d'une timbale remplie de grains de plomb qui sert de contrepoids.

Le courant entre dans le solénoïde par le bout de fil désigné par +, le parcourt, passe dans le tube en cuivre par le bout de la spirale qui y est fixé, de là dans le charbon positif par le cylindre en fer qui est en contact avec le tube, et quitte la lampe par le charbon négatif supérieur et le châssis de la lampe au point D. Le noyau de fer est aimanté et attiré dans la bobine et l'arc voltaïque prend naissance. Par suite de la combustion des charbons, la résistance augmente dans l'arc, et par suite le courant diminue. L'attraction de la bobine ne pouvant plus alors faire équilibre au contrepoids, le charbon positif se rapproche du charbon négatif jusqu'à ce que la diminution de la longueur de l'arc rétablisse de nouveau l'état d'équilibre primitif.

Le Molt reprit au contraire l'idée de Wright en 1849, et construisit un régulateur [1] composé de deux disques de charbon circulaires, placés parallèlement dans le même plan ou dans une position à angle droit. Ces disques avaient un double mouvement : 1° ils tournaient autour de leur axe et 2° ils se rapprochaient après chaque tour d'une quantité correspondante à la quantité de charbon brulé. Le Molt put ainsi conserver la lumière pendant vingt-quatre heures sans avoir a toucher à la lampe.

En 1845 Jaspar et en 1859 Serrin construisirent chacun un régulateur qui sont encore actuellement très employés dans la pratique et qui seront décrits en détail avec les autres régulateurs.

---

1. Fontaine, *Éclairage électrique*, 2° édition, page 13.

Lacassagne et Thiers firent en 1856-1859 de nombreuses expériences publiques avec un régulateur [1] dans lequel l'avancement de l'un des charbons s'effectuait au moyen de mercure, qui coulait d'un réservoir sous un piston sur lequel reposait le charbon mobile. L'écoulement du mercure et avec lui le mouvement du charbon s'obtenait au moyen de deux électro-aimants, dont l'armature commune agissait sur le tuyau par lequel s'écoulait le mercure. Un de ces aimants était installé sur une dérivation; cette lampe aurait pu également être employée pour produire des foyers séparés. Elle donnait une lumière assez régulière, mais divers inconvénients mirent obstacle à son usage pratique.

Way faisait couler du mercure d'un petit entonnoir dans une tasse en fer (1856); l'entonnoir et la tasse étaient chacun mis en communication avec le pôle d'une source d'électricité. Entre les gouttes isolées d'un jet non interrompu il se formait de petits arcs voltaïques et le tout renfermé dans un cylindre de verre produisait un effet lumineux assez uniforme. Bien qu'il y mît beaucoup de précautions, Way ne put cependant point empêcher suffisamment la production de vapeurs mercurielles qui furent finalement la cause de sa mort.

Harrisson se servit également (1868) d'un jet de mercure dans la construction de régulateurs électriques, il employa diverses dispositions, mais aucune d'elles ne s'est montrée sous une forme pratique. Du reste, il avait déjà inventé en 1857 un régulateur [2] dont le pôle négatif était une tige de charbon cylindrique ordinaire, et le pôle positif un cylindre de charbon d'une circonférence plus grande. Le charbon négatif du haut était placé

1. Fontaine, *Éclairage électrique,* 2ᵉ édition, page 22.
Ibid., page 14.

verticalement sur son axe, et mis en mouvement descendant dans la même direction par un contrepoids, ou remonté par une corde fixée à l'armature d'un électro-aimant, au fur et à mesure de l'usure du charbon. Le cylindre de charbon positif était placé horizontalement et pivotait sur un pas de vis qui lui servait d'axe, de façon à avancer progressivement pendant la durée de sa révolution. Le mouvement rotatoire était produit par un mouvement d'horlogerie.

A l'exposition universelle de Vienne en 1873, le docteur W. Siemens montra une lampe avec dérivation et avait déjà pris quelques brevets pour des lampes de construction semblable.

La découverte de la bougie Jablochkoff, qui attira récemment au plus haut degré l'attention sur l'éclairage électrique fut la cause que, très peu de temps après son apparition, plusieurs constructeurs, Reynier, Lontin, Mersanne, Fontaine et enfin von Hefner-Alteneck, produisirent des lampes qui répondaient aux besoins que demandait la pratique, et qui sont par suite actuellement employées à des travaux réels. Les régulateurs inventés depuis se comptent par centaines et nous ne pouvons ici passer en revue que les plus importants.

LAMPE FOUCAULT ET DUBOSQ

Bien que cette lampe ne soit pas utilisable pour des usages industriels, nous examinerons cependant ici la construction du dernier modèle, parce qu'elle est employée encore fréquemment pour des buts spéciaux, dans les expériences de projection par exemple. La figure 36 nous la montre en coupe longitudinale. Dans la caisse BB se trouvent deux mouvements d'horloge-

rie qui reçoivent leur impulsion de deux boites à ressorts L et L'. Le mouve-
ment d'horlogerie L passe
dans la petite roue étoilée
O et le mouvement L' dans
celle O'.   .

Entre les deux petites
roues dentées se trouve la
dent d'engrenage Tt, qui
est fixée au levier FX. Le
solénoïde E, dont l'arma-
ture forme l'extrémité F du
levier, cherche à faire tourner la dent d'engrenage Tt
d'un côté, tandis que le
ressort R la pousse dans
une direction opposée.

Si la force du ressort et
l'intensité d'attraction du
solénoïde se maintiennent
en équilibre, la dent d'engrenage Tt reste au milieu
entre les deux petites
roues dentées O, O' et
enraye leurs mouvements.
Mais si la force du ressort
l'emporte, la petite roue O',
ainsi que le mouvement
avec lequel elle est liée,
restent enrayés, tandis
que la roue O ainsi que
son mouvement, se met

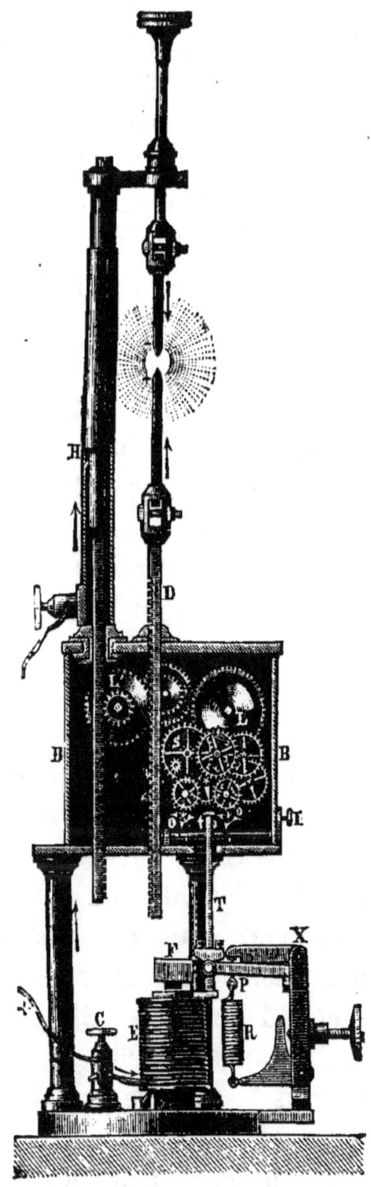

Fig. 36.

en marche. L'inverse a lieu si l'intensité d'attraction du
solénoïde a la prépondérance. L'enrayage de l'un ou

de l'autre mouvement se fait à l'aide de la roue satellite
S. Les deux mouvements sont arrangés de telle manière,
qu'à l'aide de tiges dentées, un des mouvements fait
approcher l'un de l'autre les deux porte-charbons, tandis que l'autre les fait écarter. Enfin, la proportion du
diamètre des roues est de 1 : 2, de sorte qu'un des charbons se meut deux fois plus vite que l'autre.

Le courant entre par la borne C dans le solénoide,
passe par le corps de la lampe dans le support D, forme
l'arc voltaïque et quitte la lampe par le porte-charbon
supérieur H. Si la distance entre les pointes de charbon est convenable, l'intensité d'attraction du solénoïde et la force du ressort s'équilibrent, la dent d'engrenage reste fixe entre les deux petites roues O, O'.
et enraye par conséquent les deux mouvements; mais
si la distance entre les deux pointes de charbon devient
trop grande, l'intensité du courant ainsi que celle de
l'attraction du solénoïde, diminue par suite de la grande
résistance dans l'arc voltaïque; le ressort attire la dent
d'engrenage à droite et rend libre le mouvement qui
est en rapport avec la petite roue O, qui fait mouvoir
l'un par l'autre les charbons; par contre, dès que la longueur normale de l'arc voltaïque est de nouveau rétablie, le solénoïde a lui aussi repris sa force d'attraction
primitive : il attire l'armature et la dent d'engrenage
qui y est liée, et enraye de nouveau les deux mouvements d'horlogerie. Si l'arc voltaïque est trop petit, le
solénoïde gagne tellement en force qu'il dépasse la force
du ressort et attire au moyen du levier, la dent d'engrenage assez loin à gauche pour que la petite roue O', ainsi
que son mouvement, deviennent libres. Ce mouvement
provoque entre les deux pointes de charbon un écartement qui dure jusqu'au rétablissement de la longueur
normale de l'arc voltaïque.

La sensibilité du réglage peut être donnée à volonté par un changement dans la tension du ressort R. Dans ce but, le ressort est fixé par sa partie inférieure à un levier à angle droit, dont la position est réglée par une vis. Ce mécanisme compliqué et l'inconvénient d'avoir à remonter la lampe avant son emploi, et de la placer dans une certaine position, la rendent impropre aux usages pratiques en grand, malgré le service satisfaisant qu'elle peut rendre. On ne peut intercaler qu'une seule lampe Foucault dans un circuit; elle appartient par cette raison au groupe des lampes à foyer isolé.

LAMPE DE MERSANNE

Dans cette lampe destinée à produire des foyers divisés, le mouvement des charbons l'un vers l'autre s'obtient également par un mouvement d'horlogerie. La figure 36 la représente en coupe verticale et la figure 38 en perspective. Au moyen de roues de transmission, la roue à ressort A transmet son mouvement à l'arbre aa qui est formé de deux parties réunies ensemble par un manchon. A chaque extrémité de l'arbre aa se trouve un pignon qui s'engrène dans un autre pignon fixé sur l'arbre vertical b. Par le rouage ed le mouvement se transmet aux poulies $g\,g$, qui font avancer les crayons de charbon $c\,c'$ l'un vers l'autre, dès que l'appareil d'horlogerie se met en mouvement. Les crayons de charbon sont maintenus par le bas au moyen des poulies h, qui sont serrées l'une contre l'autre par le ressort i'. L'électro-aimant $c\,c'$ est intercalé dans le circuit principal et ses spirales sont faites avec du gros fil. L'armature Q q est fixé à la boite i et l'écarte quelque peu de la boite i', lorsqu'il est attiré par l'électro-aimant. L'électro-aimant B est placé sur un courant de dérivation et possède des spirales de fil fin. Son armature n s'engrène avec le pignon u dans la roue dentée e, quand il n'est pas attiré par l'électro-aimant. Le ressort O combat l'attraction de l'électro-aimant. Au moyen de la vis v on peut régler la position de l'armature et par la vis r celle du pignon.

Le courant parcourt d'abord l'électro-aimant C C,

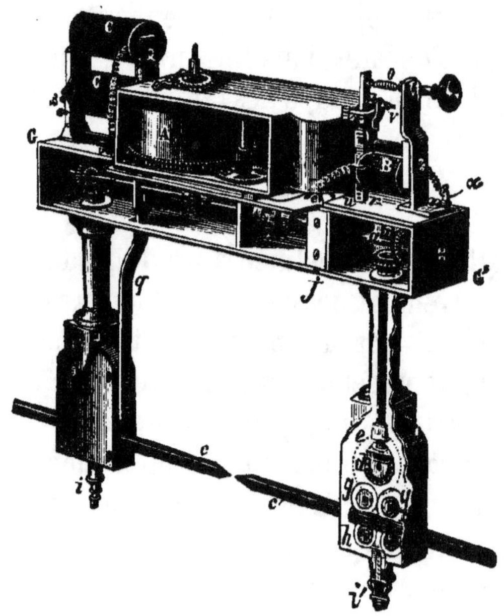

Fig. 37.

parvient par la boite i dans les charbons c et c' entre lesquels doit se produire l'arc voltaïque, et quitte la lampe par la boite i' et le corps de lampe G'. L'électro-aimant attire son armature Q q pousse en conséquence la boite i vers le côté gauche, par suite les charbons s'écartent légèrement l'un de l'autre et l'arc voltaïque prend naissance. Si la combustion des charbons amène entre leurs pointes une distance trop grande, la majeure partie du courant passe par le courant de dérivation sur lequel se trouve l'électro-aimant B; celui-ci attire son armature et par suite du retrait du pignon *u*, il rend la liberté à la roue dentée *e* ainsi qu'au mouvement d'horlogerie. Cette opération rapproche de nouveau les charbons jusqu'à ce que l'arc voltaïque ait repris sa grandeur normale et que le courant de dérivation ait perdu assez de sa force pour que l'aimant B

Fig. 38.

abandonne de nouveau son armature *n* et enraye encore une fois le mouvement d'horlogerie.

La lampe de Mersanne a le grand avantage de pouvoir brûler longtemps sans que les charbons aient besoin d'être remplacés ou que la lampe en général ait besoin d'être touchée. Le mouvement d'horlogerie peut, une fois remonté, marcher trente-six heures et les charbons peuvent, grâce à l'installation spéciale de leurs supports, avoir une assez grande longueur. La régularité peut toutefois n'être pas assez grande pour produire une lumière aussi tranquille et aussi fixe que celle qui

est demandée pour l'éclairage des appartements, mais
pour l'éclairage des rues ce régulateur peut rendre de
bons services. La lampe de Mersanne, avec ses crayons
de charbon installés verticalement, est tout à fait semblable à celle qui vient d'être décrite.

La figure 38 représente la lampe munie d'une sorte
de réflecteur à zones qui, dans les éclairages ordinaires
est fabriqué avec du métal. Si la projection des ombres,
en tant que causées par le réflecteur, doit être évitée,
les anneaux circulaires sont faits de verre opale, de
sorte qu'une partie de la lumière peut traverser jusqu'en haut.

Girouard et Regnard ont déjà construit il y a quelques
années des régulateurs à mouvement d'horlogerie, mais
ils n'ont aucune importance pour la pratique [1].

LAMPE SERRIN

Construite primitivement pour des courants provenant de batteries galvaniques, la lampe Serrin se montre
également propre, sauf de légers changements, à l'emploi de courants alternatifs. La réunion et la marche en
avant des charbons résulte du poids du porte-charbon
supérieur et l'écartement se produit au moyen d'un
électro-aimant. Le porte-charbon positif du haut B (fig.
39) porte dans le tiers inférieur de sa longueur une tige
dentée A qui s'engrène dans la roue dentée F ; sur le
même axe que F se trouve une poulie G, dont le rayon
est moitié aussi grand que celui de la roue dentée. De
cette poulie passe une chaîne en acier par-dessus la

---

1. Fontaine, *L'éclairage électrique*, traduit en allemand par F. Ross,
page 42.

poulie J jusqu'à une pièce en ivoire qui est reliée avec le porte-charbon négatif K du bas.

Sur le fond de la boîte de la lampe est fixé un électro-aimant E dont l'armature horizontale z est adaptée au parallélogramme RSTU — RS. peut pivoter autour de R, et TU. autour de T. Le côté vertical S U est relié à la traverse qui supporte la poulie J; enfin pour que le parallélogramme ne s'abaisse pas en vertu de son propre poids, on a établi deux ressorts f (le deuxième n'est pas visible sur la gravure) dont l'un peut être tendu plus ou moins fortement au moyen de la vis b et du levier a; ces ressorts sont réglés de manière que RS et TU conservent une position horizontale. La dernière roue du système de rouage est une roue dentée, dans laquelle peut s'engrener la dent de forme triangulaire d. Si l'on remonte le porte-

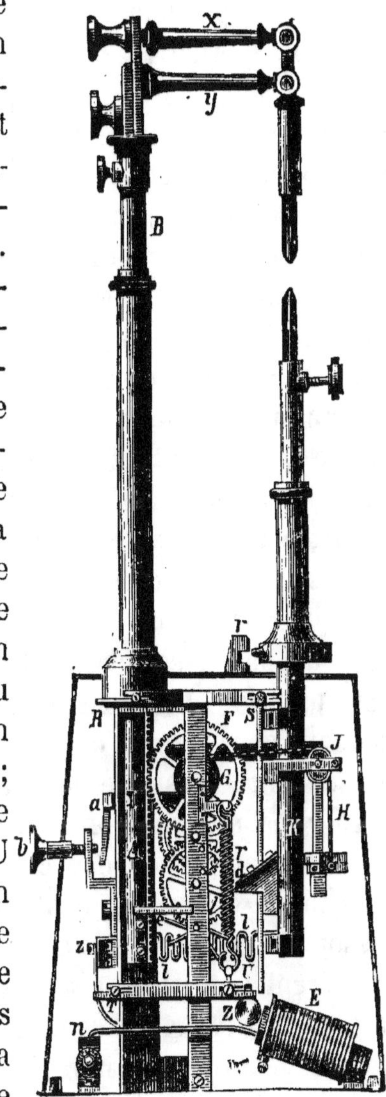

Fig. 39.

charbon supérieur B, pour y mettre par exemple un charbon neuf, la roue F tourne seule tandis que les autres rouages restent en repos, parce que la deuxième roue possède une installation d'enrayage qui n'en permet le mouvement que dans la direction opposée. Les bras x et y servent par leur vis à régler la position exacte du charbon supérieur.

Le courant passe par le porte-charbon B dans les parties métalliques de la lampe, traverse le charbon positif supérieur et le charbon négatif inférieur, pour venir au porte-charbon T par le fil en spirale ll et de là à la borne isolée z qui est reliée à l'électro-aimant E; de cet aimant le courant arrive par un fil jusqu'à la borne n et retourne à sa source. Dès que le courant est fermé, E attire son armature J, la partie SU du parallélogramme s'abaisse un peu sur le côté; avec lui s'abaisse également le porte-charbon inférieur et par suite de sa réunion déjà décrite avec la roue dentée F, le porte-charbon supérieur B se met à monter. Les charbons se trouvent donc éloignés l'un de l'autre, et l'arc voltaïque prend naissance. Le porte-charbon supérieur ne peut pas descendre malgré son poids, parce que par suite de l'abaissement du porte-charbon inférieur la dent d'enrayage d s'engrène avec la roue dentée e, par conséquent le système de rouage se trouve arrêté.

La résistance augmentant dans le circuit par suite de la consommation des charbons, le courant devient plus faible et avec lui également l'électro-aimant. Les ressorts f opposés à son attraction prennent de la force et attirent le parallélogramme vers le haut; par suite la dent d'enrayage d se trouve soulevée et le système de rouages est rendu libre. Le porte-charbon B s'abaisse alors au moyen de la roue F, la poulie G et la chaîne H soulèvent le porte-charbon inférieur K, c'est-à-dire, les deux charbons se rapprochent l'un de l'autre. Comme le diamètre de la roue F et celui de la poulie G sont dans la proportion de 1 : 2 ainsi que nous l'avons déjà dit, le charbon négatif avance moitié moins vite vers le haut que le charbon positif vers le bas, correspondant ainsi à la marche de la combustion. L'arc voltaïque reste donc à la même place. L'avancement des charbons a néanmoins diminué la résistance dans le circuit et ramené le courant ainsi que l'électro-aimant à ses forces primitives : l'armature subit une nouvelle attraction, les rouages se trouvent arrêtés, et l'avancement des charbons cesse jusqu'à ce que la résistance ait repris une nouvelle force par suite de la combustion des charbons.

Ce jeu se continue sans interruption pendant toute la durée de l'éclairage. Par la tension du ressort f et au moyen de la vis b et du levier a le parallélogramme peut être suffisamment équilibré avec l'intensité du courant pour que ses moindres variations suffisent à mettre le système de rouages en mouvement et à maintenir par conséquent l'arc voltaïque à une grandeur constante. De même, par réglage de la vis b, le parallélogramme peut être quelque peu soulevé ou abaissé, ce qui permet de faire produire à la lampe un arc voltaïque plus ou moins grand.

Si l'on pousse le porte-charbon inférieur légèrement de côté, le parallélogramme s'abaisse et le système de rouages se trouve enrayé; le fonctionnement de la lampe est interrompu. Si l'on veut maintenir la lampe dans cet état, on tourne légèrement le porte-charbon de manière à ce que la cheville qui se trouve au-dessous s'engrène dans la pièce r.

Un des avantages de la lampe Serrin consiste dans le poids considérable de son porte-charbon supérieur, ce qui lui permet de vaincre facilement de petites résistances et, par conséquent, d'assurer la régularité du fonctionnement du système de rouages. Malgré ce poids il ne peut se produire de cassure par suite d'une trop grande pression à l'approche des deux charbons, parce que le charbon inférieur cède à la pression, descend et soulève le charbon supérieur, ce qui diminue la pression. Le poids du porte-charbon et l'attraction de l'électro-aimant agissent toujours l'un contre l'autre, d'où l'arc voltaïque est maintenu de la façon la plus complète à une longueur conforme à l'intensité du courant.

Cette grande sensibilité n'est cependant pas sans inconvénient; la plus petite différence dans l'action de l'électro-aimant sur l'armature se transmet aussitôt au porte-charbon inférieur et cause un abaissement et une élévation continuelle si le charbon n'est pas très pur de qualité. Les impuretés dans les charbons changent la résistance du circuit, parce qu'elles amènent un allongement ou une diminution de l'arc voltaïque qui produisent, par suite, des variations correspondantes dans l'intensité du courant. La première conséquence produit une variation dans la marche de la machine électrique et, par suite, dans la lumière de l'arc voltaïque. Ce régulateur demande donc des charbons de très bonne qualité. Sa construction ne permet pas de l'employer dans une position horizontale, il doit toujours être placé verticalement. C'est un régulateur à foyer isolé et il ne peut être mis en fonctionnement qu'avec des courants continus.

Lontin a modifié le régulateur Serrin en plaçant l'électro-aimant dans un courant de dérivation au lieu de le placer dans le circuit principal (fig. 40). De cette manière il peut être employé pour des foyers divisés; ce régulateur fonctionne de la manière suivante : dès que la lampe est placée dans le circuit, tout le courant passe, si les charbons ne se touchent pas, par l'aimant du circuit de dérivation; celui-ci attire son armature et

rend libre, par le soulèvement du levier, le système de
rouages, ce qui amène le rapprochement des charbons
jusqu'au contact. Le courant principal passe aussitôt
par les charbons, où il ne trouve pas de résistance, et
le circuit de dérivation où se trouve l'aimant demeure

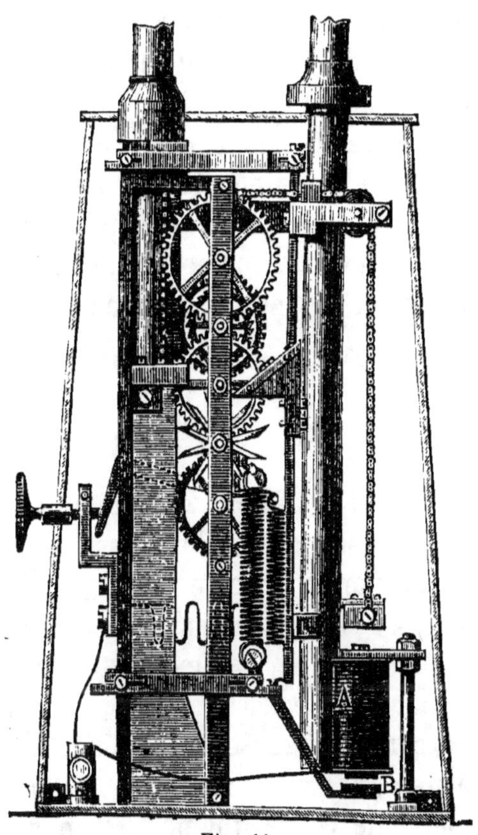

Fig. 40.

presque sans courant; l'armature tombe et la dent d'enrayage arrête les rouages; mais la descente de l'armature amène également la descente du porte-charbon
inférieur ce qui donne occasion au courant de former
l'arc voltaïque. Le système de rouages reste ainsi arrêté
aussi longtemps que, par suite de la consommation des

charbons, l'arc et par suite le circuit principal, aient acquis
une résistance assez grande pour que le courant dans le
circuit de dérivation soit de nouveau devenu assez fort
pour amener l'attraction de l'armature et rendre libre le
fonctionnement des rouages. Il est bien entendu, que
si le régulateur doit fonctionner de cette manière, il faut
que la position de l'électro-aimant et la forme de l'armature soient modifiées en vue de ce résultat.

Cette modification est facile à reconnaitre en compa-
rant la figure 39 avec la figure 40.

Si la lampe doit être employée avec des courants alternatifs, il faut que le diamètre de la roue dentée F et
de la poulie G soit de la même grandeur, parce que
dans ces conditions les deux charbons s'usent également.

LAMPE JASPAR

Le charbon positif supérieur est fixé au porte-charbon A (fig. 41) et sa position au-dessus du charbon
inférieur est exactement réglée au moyen de vis. Le
porte-charbon A est complètement isolé des autres
parties de la lampe et en communication avec le pôle
positif de la source d'électricité. A sa partie inférieure
il porte un raccord, qui glisse le long d'une tige de soutien, pour éviter le tournoiement du porte-charbon. De
ce raccord part une corde qui entoure un disque, sur
l'axe duquel se trouve un deuxième disque, mais d'un
diamètre de moitié moindre au premier : la corde fait
le tour du disque et conduit au porte-charbon inférieur B. De cette manière il faut que, dans cette lampe,
le charbon négatif inférieur parcoure toujours la moitié
du chemin que parcourt le charbon positif supérieur.
Comme contrepoids du porte-charbon A, agit le poids

mobile F; le levier sur lequel repose le poids mobile
est réuni au moyen d'une
corde à un troisième disque
qui est également fixé sur
l'axe des deux disques déjà
mentionnés. La vis K sert
à pousser le contrepoids
sur son levier et à aug-
menter par suite sa force
de tirage ou à la diminuer,
suivant la demande de l'intensité du courant que l'on
emploie.

Le porte-charbon néga-
tif inférieur B est en fer et
plonge dans le solénoïde
C. Aussi longtemps qu'il
ne passe pas de courant
dans la lampe, le poids du
support A l'emporte et celui-ci descend; par suite
du raccordement par la
corde, le porte-charbon B
est forcé de se lever en
même temps et les deux
charbons se touchent. Si
on place alors la lampe
dans un circuit, le porte-
charbon B est attiré dans
le solénoïde, B descend
et A monte, les charbons
se séparent et la lampe

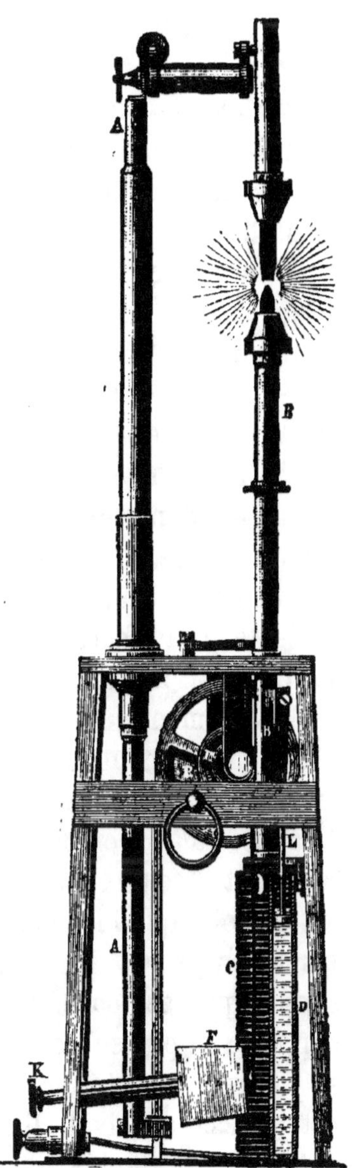

Fig. 41.

commence à brûler. Pour que ce mouvement ne soit pas
trop rapide, on a attaché au support B une tige L mu-

nie par le bas d'un bourrelet ; celle-ci n'a qu'un très petit jeu dans le cylindre D rempli de mercure. Comme le mercure ne peut circuler qu'à travers le passage rond et étroit qui se trouve entre le bourrelet et les parois du cylindre, la tige L ainsi que le support B sont forcés d'avancer lentement et uniformément.

A mesure que les charbons se consomment, la longueur de l'arc voltaïque augmente, l'intensité du courant diminue, et le solénoïde perd en force. Le poids de la tige A peut de nouveau maintenant vaincre la force d'attraction du solénoïde, de sorte que le charbon supérieur baisse et le charbon inférieur remonte, c'est-à-dire les charbons se rapprochent au fur et à mesure de leur usure. L'intensité d'attraction d'une spirale sur une tige de fer d'un même diamètre diffère suivant la position de la tige vis-à-vis [de la spirale. Quand la lampe commence à brûler avec des charbons fraîchement posés, le porte-charbon B se trouve dans sa plus basse position ; si les charbons sont presque entièrement brûlés (moment que représente la figure 41), il est parvenu à sa plus haute position. Dans cet état l'influence du solénoïde du porte-charbon en fer sera bien plus considérable qu'au commencement de l'allumage de la lampe, et il se produirait à la fin de la durée d'éclairage un arc voltaïque bien plus grand qu'au commencement. Jaspar évite cet inconvénient d'une manière aussi simple qu'ingénieuse. Le disque qui reçoit la corde supporte un poids E, qui, ainsi que l'indique la gravure, se trouve pour la fin de la durée de l'allumage sur le côté gauche du pivot. Il agit de tout son poids contre l'attraction du solénoïde et soutient l'effet du poids de A : au début de l'allumage le disque est placé de telle manière que le poids E, se trouve sur le côté droit du pivot et agit par conséquent de tout son poids dans le sens de l'attraction du solénoïde. Dans le premier cas, au contraire, l'attraction du solénoïde [étant la plus grande, la contre-action du poids E est également la plus forte, et dans le dernier cas l'attraction du solénoïde étant la plus faible se trouve, à cause de cette faiblesse, soutenue par le point E.

Pendant l'éclairage l'attraction du solénoide augmente continuellement, mais le secours de l'action du contrepoids diminue, car avec la consommation des charbons le disque tourne, et le contrepoids s'élève et produit par suite une diminution continue de la composante des forces agissant en E. Cela dure aussi longtemps que E est arrivé perpendiculairement au-dessus de son pivot et alors la réaction cesse également. Si la lampe continue à brûler, le contre-poids E passe sur le côté gauche et agit alors contre la force d'attraction du solénoïde qui va toujours en augmentant. En somme à mesure que cette force augmente, la réaction du contrepoids augmente également.

De cette manière Jaspar, bien que se servant d'une tige de fer d'un diamètre invariable, obtient cependant un mouvement toujours égal dans la marche des charbons. Le contrepoids E peut en outre être placé dans une position radiale, et par suite de ce déplacement et celui du contrepoids F au moyen de la vis K, la même lampe peut être utilisée pour des courants d'intensités diverses.

Quelques organes sans importance ont été supprimés dans la gravure pour ne pas nuire à sa clarté. Le régulateur de Jaspar est construit pour foyer isolé et courants continus, il se distingue par une grande sensibilité et une grande sûreté de fonctionnement.

Le même constructeur a établi une lampe dans laquelle le mécanisme de régularisation est placé au-dessus des charbons. (*La Lumière électrique*, tome IV, page 368.)

Pendant l'Exposition d'électricité de Paris, la salle 15 était éclairée par trois lampes installées de façon à rendre la lampe invisible. La figure 42 représente la disposition qui avait été donnée à la lampe dans ce but.

Fig. 42.

Le régulateur se trouvait dans un cylindre opaque, ouvert par le haut, sur lequel était suspendu un réflecteur peint en blanc. Dans l'usage pratique de ce mode d'éclairage on peut supprimer, dans la plupart des cas, ce réflecteur, en se servant, pour réfléchir et diffuser la lumière, du plafond blanchi de la pièce à éclairer.

Il n'y a pas à nier que ce mode d'éclairage a l'avantage de diffuser très largement la lumière et par conséquent de produire un éclairage très uniforme dans toutes les parties de la pièce à éclairer ainsi que de soustraire à la vue l'état aveuglant de l'arc voltaïque.

LAMPE GAIFFE

Gaiffe a cherché à rendre uniforme la force d'attraction variable par suite de la position variable du noyau de fer par rapport au solénoïde, en donnant au solénoïde une forme conique. Plus la position du noyau de fer est défavorable, plus le nombre des spirales du solénoïde augmente, compensant ainsi par le nombre la défaveur de la position.

Dans la figure 43, H représente le porte-charbon supérieur, qui peut, au moyen de la genouillère V, être exactement installé au-dessus du porte-charbon inférieur H'. Le porte-charbon supérieur est maintenu par une tige I qui traverse le tube J, et dont la partie inférieur se trouve dentée.

Le porte-charbon inférieur repose sur la tige K en fer doux également dentée en partie. Cette tige plonge dans le solénoïde L enroulé en forme de pyramide. Le couvercle Q du solénoïde est muni sur son milieu d'une entaille suffisante pour laisser passer la tige, et supporte les roues dentées M et M' qui sont isolées l'une de l'autre par un disque en ivoire, et qui pivotent librement sur l'axe W. Leurs diamètres sont dans la proportion de 1 à 2, ce qui correspond à l'usure inégale des charbons. La plus grande roue dentée mord dans l'engrenage de la tige I, la plus petite dans l'engrenage de la tige K. La boîte à ressort O est en communication avec les deux roues. Le ressort à spirale qui s'y trouve est disposé pour faire tourner les deux roues de manière à ce que les deux charbons soient mis en mouvement l'un vers l'autre. Les roues dentées R, R', R'' peuvent s'engrener dans les roues **M** et **M'**, et servent à faire monter et à descendre les deux charbons, sans troubler le fonctionnement de la lampe. Ces rouages **R**, **R'** **R''** sont ordinairement, au moyen de ressorts à spirale, retirés dans le sens de leur axe en dehors de l'action des rouages **M** et **M'**, et ne sont engrenés qu'avec l'aide d'une clef. Cet arrangement est nécessaire pour pouvoir installer l'arc voltaïque à la hauteur voulue, ce qui est indispensable pour certains cas. Pour assurer la marche des deux porte-charbons, on a établi à différents endroits des poulies de conduite **U**. Une poulie de contact fixée sur le tube **J** se trouve serrée au moyen du ressort **Y** contre la tige **I** et permet le passage du courant. Tout le mécanisme régulateur est renfermé dans la boite **ABCD**, dont le pied supporte les deux bornes polaires **N** et **P** de la lampe.

Le réglage de l'arc voltaïque est produit par le ressort **O** et le solénoïde **L**; le premier pousse les charbons l'un contre l'autre, le dernier cherche à les séparer par l'attraction de la tige de fer **K**, et quand la lampe brûle tranquillement les deux forces se tiennent en équilibre. Pour pouvoir obtenir cette situation avec des courants

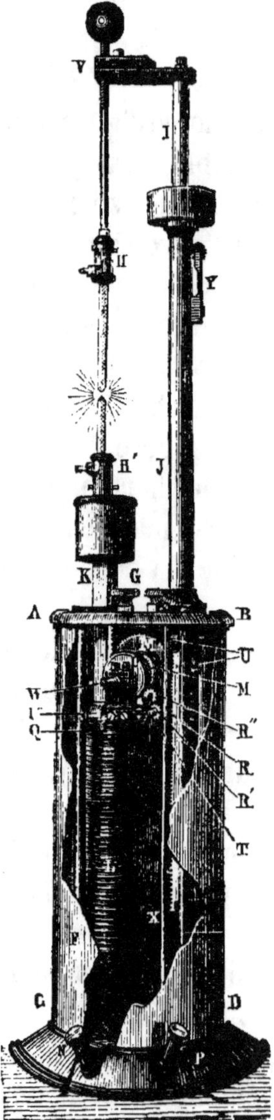

Fig. 43.

de force différente, un bouchon carré placé dans l'axe de la boîte à ressorts permet de régler, au moyen d'une clef, la tension du ressort.

Le courant arrive par P dans la lampe, passe par la tige X dans le tube J et par Y et I à H, traverse les deux charbons, entre par la tige K dans le solénoïde L et vient à la deuxième borne N. Avant l'entrée du courant le ressort O pousse les deux charbons l'un vers l'autre jusqu'à ce qu'ils se touchent, mais dès que le courant circule par le solénoïde, celui-ci tire en bas la tige K, éloigne les deux charbons l'un de l'autre et donne naissance à l'arc voltaïque. La consommation des charbons, augmentant l'arc voltaïque et la résistance dans le circuit, diminue par conséquent la force d'attraction du solénoïde, et le ressort gagne en force ; de là résulte de nouveau un mouvement de rapprochement des deux charbons l'un vers l'autre.

La lampe est construite pour des foyers isolés, et très applicable à des courants de batteries. Elle commence à fonctionner avec 20 petits éléments Bunsen, mais elle peut être actionnée par 60 grands éléments du même genre.

Marcus évite l'attraction inégale du solénoïde sur le noyau en fer, en partageant le solénoïde en une série de bobines séparées les unes des autres. Il se compose donc d'une grande quantité de spirales de faible hauteur, indépendantes les unes des autres, mais qui se réunissent toutes ensemble en une seule spirale ; de plus chaque commencement et chaque bout des petites spirales sont reliés ensemble avec des petites pièces de métal isolées. L'entrée du courant dans la spirale ainsi que sa sortie a lieu au moyen de poulies de contact fixées à des lames de ressorts métalliques qui glissent sur de petits rails, et comme les petits rails qui se trouvent en face ne renferment que trois parties de la spirale, le courant prend sa direction par celles-là et non par le contour entier. En somme, à mesure que les poulies de contact glissent en haut ou en bas, elles enferment dans le circuit de nouvelles petites parties de la spirale sur un côté, en faisant sortir en même temps du circuit celles qui se trouvent de l'autre côté, c'est par conséquent toujours la bobine du milieu qui est également éloignée du centre de gravité du noyau en fer, et par suite le solénoïde exerce toujours sur lui la même force d'attraction.

Mais comme entre l'armature et les crayons de charbon il n'existe pas de passage, l'arc voltaïque subit une succession périodique d'augmentations et de diminutions, sans compter que la sensibilité du réglage a beaucoup à souffrir du frottement des contacts.

Krizik a vaincu d'une façon aussi ingénieuse qu'originale le manque d'uniformité d'action du solénoïde. (Voir la description de cette lampe.)

LAMPE CROMPTON

Crompton, en construisant sa lampe, a eu en vue de diminuer le plus possible le poids des parties mobiles qui servent à exécuter le mouvement des charbons. Il a cherché par ce moyen à obtenir un réglage plus précis des mouvements du régulateur suivant les variations du courant, parce que, par suite de la diminution du poids des parties mobiles, la force d'inertie se trouve également réduite. Il n'est par conséquent pas néces-

saire de dépenser, d'un côté, une grande force pour
opérer le mouvement, et d'un autre côté, le mouvement déjà produit en
vertu de la force d'i-
nertie des masses
mobiles ne dure pas
plus longtemps que
le temps nécessaire,
c'est-à-dire que le
courant n'a pas be-
soin de subir une
forte diminution
pour que le méca-
nisme de la marche
des charbons puisse
produire son effet, et
cet effet, dure plus
longtemps qu'il n'est
nécessaire pour at-
teindre la position
d'équilibre.

La figure 44 repré-
sente la lampe en-
tière vue de côté, et
quelques unes de ses
parties détachées, g
g désignent les cylin-
dres renfermant le
mécanisme, K le
porte-charbon supé-
rieur, K_1 le porte
charbon inférieur :

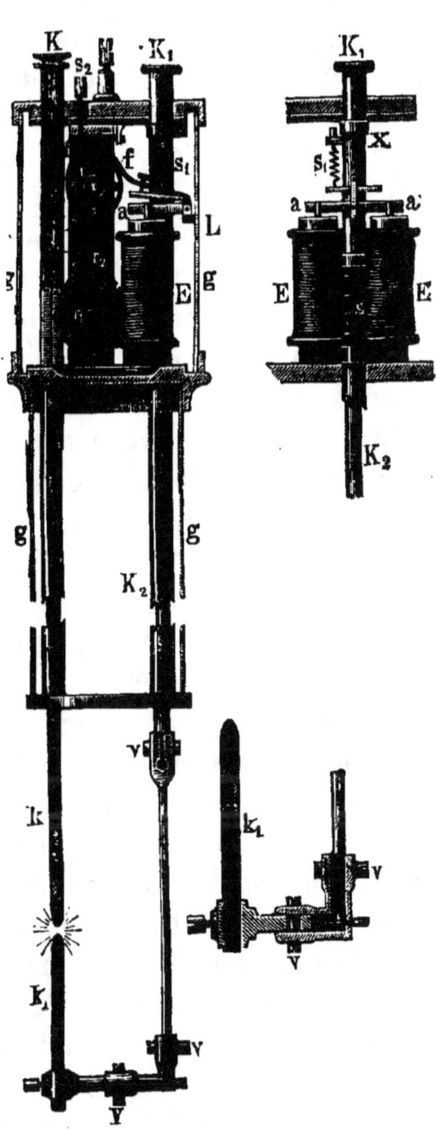

Fig. 44.

s'il ne passe pas de courant dans la lampe, un ressort S
attire le support K, et maintient par conséquent les deux

charbons en contact. L'armature, formée par une pièce *a* en fer, est solidement fixée au porte-charbon inférieur et placée dans le circuit principal à côté de l'électro-aimant **E**; au-dessus de l'armature se trouve une plaque de fer mince, qui peut pivoter, et qui porte un bras de la forme d'un *f*, qui. repose légèrement sur la roue d'enrayage *r*, lorsque l'armature *a* est attirée par l'électro-aimant **E**. La force du ressort **S** est mesurée de manière à ce que ce ressort et le poids de la plaque mince de fer agissant en bas, se tiennent presque en équilibre. Le porte-charbon inférieur peut seulement être tiré en haut (par le ressort S) aussi longtemps que l'anneau *x* qui y est fixé ne butte pas contre le plateau de la boite. Le porte-charbon supérieur **K** porte une tige dentée qui mord dans l'engrenage inférieur *r*, du système des rouages r_1 r_2 r_3 *r*. Son poids est suffisamment grand pour mettre les rouages en mouvement. Le rapport des rouages entre eux est déterminé de façon à ce qu'à chaque tour de la roue d'enrayage correspond un avancement du charbon de 1 millimètre. Plusieurs articulations *v* ont pour but de faciliter le placement exact des charbons l'un sur l'autre.

Aussi longtemps qu'aucun courant ne traverse la lampe, les deux charbons sont en contact, car le porte-charbon inférieur est tiré en haut par le ressort *s*, jusqu'à ce qu'il y ait choc de l'anneau *x* contre le plateau supérieur, et comme dans cette position le frein *f* ne peut pas produire d'effet, le porte-charbon supérieur descend. Si on place la lampe dans un circuit, le courant passe par l'électro-aimant et la masse de la lampe dans le charbon supérieur, puis par le charbon inférieur dans le porte-charbon inférieur isolé des autres parties de la lampe et retourne de là à la source d'électricité. E prend de l'aimantation et attire l'armature *a*, dès que l'intensité du courant est suffisante pour vaincre la force du ressort S. En même temps le système d'engrenage est légèrement tourné en arrière, de sorte que les charbons s'éloignent l'un de l'autre et la lampe commence à brûler. Le porte-charbon supérieur ne peut pas descendre, parce que le frein f enraye la roue r. Les charbons se consomment et affaiblissent le courant, la force du ressort S l'emporte sur la force d'attraction de l'aimant E et l'armature monte légèrement avec le porte-charbon K; par suite l'action du frein f diminue, le porte-charbon supérieur peut descendre, et les deux charbons se rapprochent de nouveau. Au fur et à mesure de la consommation des charbons, le même fait se répète. La marche en avant ne se produit cependant pas par saccades, mais bien d'une façon continue parce que la force de l'électro-aimant diminue exactement en proportion de la diminution des charbons, ainsi que l'attraction de l'armature, et par suite l'action du frein f est plus ou moins forte suivant l'intensité du courant.

La lampe est destinée à produire des foyers isolés, et doit être actionnée au moyen de courants continus. Ses charbons permettent une durée d'allumage de cinq heures; mais si l'on désire une durée plus longue, la lampe peut-être allongée au moyen d'un tube qui porte à sa partie inférieure les conducteurs de courant nécessaires pour les crayons de charbon plus longs. Par ce moyen la longueur des charbons intercalée dans le circuit, ainsi que leur résistance, reste constante pendant toute la durée de l'allumage. Cette condition est importante parce que la résistance d'un charbon de 24 pouces anglais (pour huit heures de marche), comporte environ 0.3 ohm. Une diminution de cette première résistance jusqu'à une résistance qui deviendrait presque zéro, lorsque les charbons auraient été brûlés, aurait une grande influence sur un courant de faible tension. Pour entretenir le graissage du plateau léger en fer toujours en mouvement (au-dessus de a), on le fait pivoter entre deux pointes en acier, ce qui évite la formation de cambouis.

Pour rendre la lampe également propre à produire des foyers divisés, Crompton remplace le ressort S, par un électro-aimant intercalé dans le courant de dérivation d'une résistance qui comporte 80 à 100 ohms. Par celui-ci passe alors toujours une fraction du courant, qu'il soit fort ou faible. Mais avec la résistance de l'arc la proportion des forces de courant, dans les deux aimants, change aussi et par suite, également, l'attraction exercée par eux sur le plateau en fer si facilement mobile. Une grande résistance dans l'arc (une plus grande distance entre les charbons), aura pour effet d'accroître l'attraction du petit électro-aimant, de sorte que le plateau en fer s'élevera, l'enrayage s'affaiblira et le charbon supérieur descendra. Une moindre résistance dans l'arc (c'est-à-dire une moindre distance entre les charbons), rendra l'aimant E énergique et par suite elle augmentera la force d'enrayage et empêchera le charbon supérieur de descendre davantage. L'avancement des charbons ne dépend alors plus de la force du courant dans l'arc extérieur, mais de la différence des forces de courants dans les deux électro-aimants, c'est-à-dire, des courants dans l'intérieur de la lampe. Ce moyen remplit les conditions nécessaires à l'intercalation de plusieurs lampes dans un circuit.

LAMPE BURGIN

La lampe représentée fi-
gure 45 par une vue de côté
et une coupe horizontale, consiste dans une boîte carrée qui
renferme le mécanisme de
réglage, dans des tubes pour
les porte-charbon et dans une
lanterne.

Le porte-charbon supérieur
est isolé et suspendu à la
corde f, tandis que le charbon inférieur se trouve fixé
dans la partie inférieure du
porte-lanterne de telle sorte
qu'il est en communication de
conductibilité avec tout le
corps de lampe. L'électro-aimant N S peut être placé au
moyen des vis v, v dans une
direction horizontale. L'une
des extrémités de son fil est
reliée avec la borne isolée e,
l'autre avec le tube en cuivre
du porte-charbon supérieur
qui forme la conduite et le
contact. L'armature i forme
le côté vertical d'un parallélogramme, qui peut pivoter
autour des deux points fixes
d; les bras k et l sont légèrement inclinés vers le plan

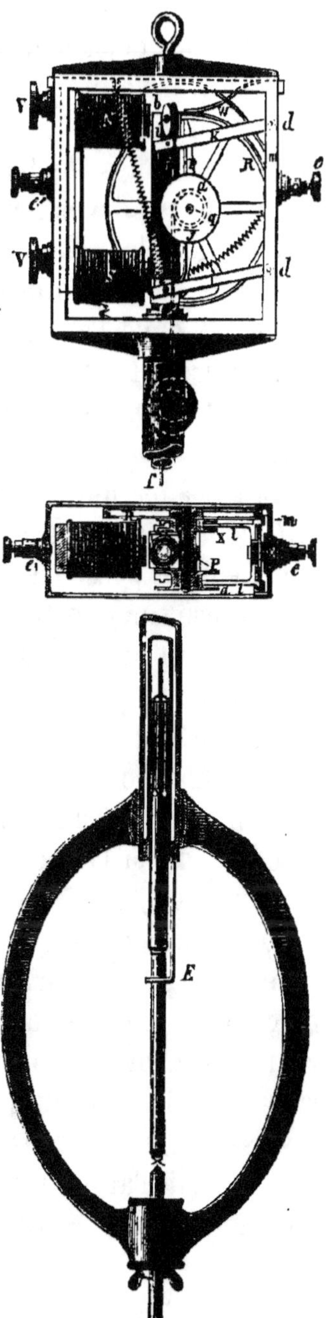

Fig. 45.

horizontal et un changement de cet angle d'inclinaison provoque un déplacement de l'armature i dans le sens vertical. L'armature constitue elle-même un électro-aimant dont les spirales très minces et de haute résistance sont faites de telle sorte que les pôles de cet électro-aimant deviennent de même nom que les pôles opposés de l'électro-aimant N + S[1]. Les extrémités de la spirale de l'armature sont réunies d'un côté avec la borne e et de l'autre côté avec le corps de la lampe. L'armature est creuse dans toute sa longueur, et porte à sa partie supérieure la poulie b. La pièce p, fixée à l'armature, porte la roue R qui se meut autour de l'arbre q, ainsi que les poulies a et x qui servent à la direction de la corde f, qui soutient le porte-charbon supérieur, et passe en partant de ce point par l'armature creuse sur la poulie b et s'enroule autour du tambour; ay est une deuxième corde qui est enroulée sur le tambour x; à son extrémité libre est suspendu un anneau en cuivre au moyen duquel on peut remonter le porte-charbon supérieur; w est un ressort faisant fonction de frein sur la roue R; e est une borne isolée du corps de la lampe et e' une borne en communication avec celui-ci.

Dès qu'un courant entre par la borne e dans la lampe, il se partage en deux courants parallèles, dont l'un parcourt les spirales de l'électro-aimant NS et les deux charbons, l'autre les spirales de l'armature. Les intensités des deux parties de courant sont en raison inverse des résistances de leur circuit respectif, qui pour le fil de l'armature comportent plusieurs centaines d'ohms et pour l'arc voltaïque de 1 à 3 ohms. L'électro-

1. D'après une description publiée par Bürgin et Alioth eux-mêmes, tandis que Schellen et Merling placent en face l'un de l'autre des pôles de noms différents.

aimant attire son armature et soulève en même temps
la roue R en la pressant contre le frein w. A partir de ce
moment l'axe q ne peut pas se tourner ni la corde f se
dérouler. Le porte-charbon supérieur qui se trouve
suspendu à cette dernière, est forcé de suivre le mouvement ascendant, jusqu'à ce que la pression du frein w
soit en équilibre avec la force d'attraction de l'électro-
aimant. L'arc voltaïque se trouve ainsi formé.

Par suite de la consommation des charbons, la résistance de l'arc voltaïque augmente de plus en plus,
ainsi que le courant de dérivation 'dans l'armature, jusqu'à ce que la répulsion des pôles de même nom provoque la descente de l'armature. La roue se trouve alors
dégagée de l'enrayage et le porte-charbon supérieur
descend par suite de son propre poids, c'est-à-dire les
charbons se rapprochent l'un vers l'autre. Le courant
de dérivation diminue en même temps dans l'armature
ainsi que son aimentation et tout le système rentre
dans l'état d'équilibre primitif entre l'attraction de l'aimant et la pression du ressort d'un côté, et le poids du
porte-charbon de l'autre. Ce jeu se continue ainsi et
maintient l'arc à une longueur constante.

Chaque lampe se règle d'elle-même, suivant la longueur de son arc propre, ce qui n'empêche cependant
pas de disposer un certain nombre de lampes en tension
sur un circuit. Les lampes sont réglées une fois pour
toutes, pour donner un arc petit ou grand à volonté au
moyen des vis vv par lesquelles on rapproche l'aimant
de l'armature. Les attractions et les répulsions magnétiques sont, grâce à la suspension spéciale de l'armature,
des fonctions directes de l'intensité des courants principal et de dérivation parce que la distance entre les
pôles magnétiques se trouve maintenue presque constante. On évite également ainsi tout mouvement en

Fig. 46.

arrière, qui, dans les dispositions ordinaires, se trouve par suite de la diminution de la force magnétique réglée par le carré de la distance.

La figure 45 représente l'arc dans sa plus basse position. Toute la longueur, dont s'abaisse l'arc voltaïque est égale à 1/3 de la longueur des crayons de charbon. C'est la longueur dont se raccourcit dans une période, le charbon inférieur négatif. Le double de la longueur du charbon négatif est consommé par le charbon positif dans le même temps, c'est-à-dire les 2/3, et comme le charbon positif est obligé de suivre le charbon négatif, le premier parcourt par conséquent un chemin qui est égal à toute sa longueur. Le porte-charbon positif heurte contre un fil de fer E, au moment même où le charbon inférieur étant brûlé a besoin d'être renouvelé; le

reste du charbon positif est justement un tiers de
toute la longueur du charbon et par suite assez long
pour servir de charbon négatif dans une nouvelle période. Le porte-charbon supérieur positif reçoit naturellement un charbon neuf de la longueur entière.

Une telle période dure huit heures lorsque les charbons ont 50 centimètres de longueur et un diamètre de
13 millimètres; ils fonctionnent avec un courant de
20 ampères. La lumière consomme alors 6 centimètres
de charbon par heure, dont 4 pour le charbon supérieur et 2 pour le charbon inférieur, ce qui fait 48 centimètres pour huit heures, le restant (2 cent.), ne peut
être utilisé.

La figure 46 représente une lampe en bronze riche-
ment décoré, c'est le modèle qui fonctionnait à l'Exposition internationale d'Électricité de Paris, et qui a été
employé depuis, à différentes reprises, pour l'éclairage
des salles à manger d'hôtels, des salles de concert, etc.
La diffusion de la lumière se fait à travers un globe en
verre opale de 50 centimètres de diamètre.

LAMPES SEDLACZEH ET WIKULILL

Dans ces lampes, le réglage se fait par l'emploi de
deux tubes verticaux, cylindriques et en communication
l'un avec l'autre, qui sont remplis de glycérine dans
laquelle se meuvent deux tampons fermant hermétiquement, de sorte que si l'un des tampons vient à descendre,
l'autre se trouve obligé de monter; la production de
ce mouvement se fait d'après deux méthodes, à l'aide
soit d'un électro-aimant, soit d'un régulateur à force
centrifuge.

Lampe à électro-aimant. — La figure 47 la représente

théoriquement et la figure 48 en donne une vue en pers_
pective. Les crayons de charbon *o* et *u* sont solidement
fixés aux tampons O et U; les diamètres de ces derniers sont mesurés de façon à ce que O, support du
charbon supérieur positif, parcoure; toujours le double
du chemin de U, support du charbon inférieur négatif.

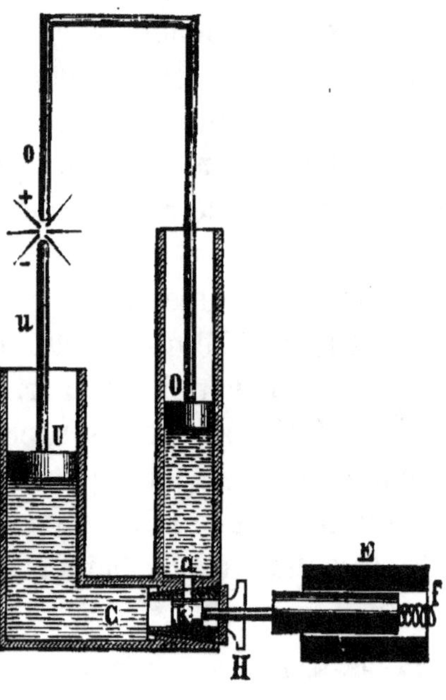

Fig. 47.

Le résultat de cette disposition fait que le point d'éclairage se trouve toujours maintenu à une hauteur constante, ce qui est exigé dans cette lampe parce qu'elle
est munie d'un réflecteur. Le tampon O massif et lourd
presse sur le liquide et fait remonter le tampon U, pendant que lui-même descend ; ce mouvement dure jusqu'à ce qu'il trouve un arrêt dans la rencontre des
deux charbons *o* et *u*. Le contact des charbons ferme
alors le courant et met en mouvement l'électro-aimant

E. Celui-ci, à l'aide de son noyau de fer, retire le tampon k hors du robinet H, et défait la communication qui existe entre les deux cylindres verticaux; par suite de ce recul du tampon k le liquide s'abaisse sur le tampon U, ce qui éloigne un peu le charbon u du charbon o et l'arc voltaïque prend naissance. La consommation des charbons augmente l'intervalle qui les sépare, et en même temps la résistance dans le circuit, l'aimant E devient plus faible et le ressort f fait rentrer de nouveau le tampon k dans le robinet H. La communication est de nouveau rétablie entre les deux tubes verticaux, le tampon U, en vertu de son propre poids, pousse le liquide sous le tampon O et les deux charbons se rapprochent jusqu'à ce que leur distance soit devenue assez petite et que la résistance du circuit ait suffisamment diminué (c'est-à-dire que le courant, par

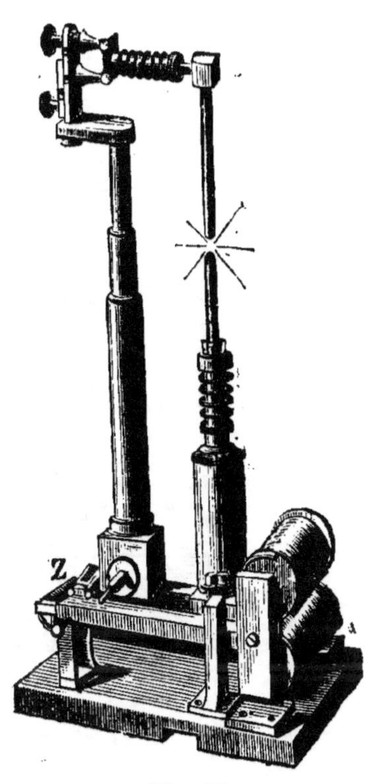

Fig. 48.

rapport à l'aimant ait de nouveau atteint la force primitive), pour détruire de nouveau par l'attraction du noyau de fer la communication des colonnes verticales du liquide. Ce jeu se continue ainsi, sans exercer une influence sensible sur la constance de la lumière.

Pour permettre la pose facile et rapide de charbons neufs, le robinet porte une large ouverture et permet,

au moyen d'une deuxième position la réunion des
deux types verticaux.

Lampe à régulateur centrifuge. — Cette lampe est
représentée théoriquement figure 49. Le tampon *d*,
dans le robinet, est en communication, au moyen d'une
tige à chape, avec un régulateur à force centrifuge,

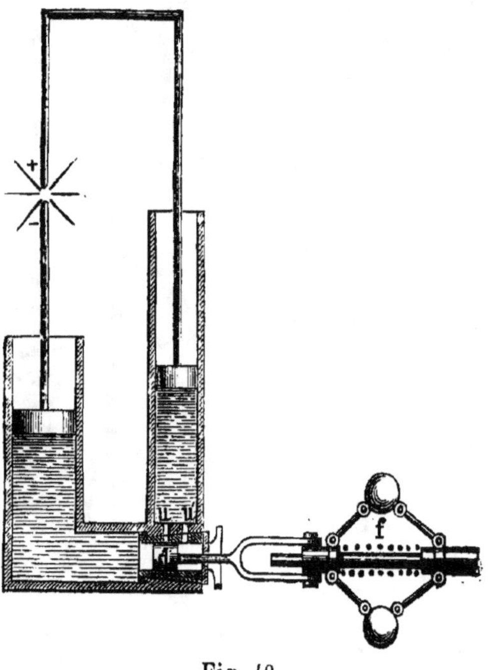

Fig. 49.

dont la rotation est produite par la machine (Machine
électrique ou moteur). En mettant la machine en
marche, le tampon *d* est tiré en dehors par suite de
l'écartement des boules du régulateur, et ouvre la
communication *u* entre les deux cylindres; le tampon
inférieur descend par suite de l'entrainement du liquide
et l'arc voltaïque prend naissance. La consommation
des charbons produit une plus grande résistance et un

courant plus faible dans le circuit et, par suite, une
rotation plus rapide de la machine. (Par suite de la faiblesse du courant, l'attraction entre l'armature mobile
et les inductions fixes diminue, par conséquent le
travail à fournir par le moteur qui fait tourner l'armature devient plus faible, et la machine augmente de
vitesse.) Par suite de cette marche plus rapide de la
machine et par conséquent de son régulateur, le tampon d est retiré de plus en plus, jusqu'à ce que,
lorsque la grandeur de l'arc voltaïque est arrivée au
degré voulu, une deuxième ouverture u' vienne réta-
blir la communication entre les colonnes de liquide,
et force les charbons à se rapprocher de nouveau l'un
de l'autre. Le courant augmente alors, la machine
tourne plus lentement et le régulateur enfonce de nouveau le tampon d, qui ferme l'ouverture du passage.
Dans ce mode comme dans le précédent, cette action
se répète pendant toute la marche et comme le régulateur se meut dans des limites très restreintes, les
charbons brûlent uniformément.

La construction de la lampe à locomotives a reçu
dernièrement un nouveau changement par suite de
l'utilisation directe, pour son réglage des différences
de la vitesse du moteur producteur du courant. Dès
que la résistance augmente dans le circuit de l'arc voltaïque, la force électrique et par suite la force magnétique de la machine dynamo-électrique deviennent
plus faibles, et le moteur, ayant moins de travail à
fournir gagne en vitesse. Ces variations de vitesse sont
directement utilisées pour faire varier la communication entre les deux cylindres, et par conséquent la
position de leurs tampons et des porte-charbons. Avec
le régulateur à force centrifuge du moteur se trouve
relié directement ou au moyen d'un levier une tige l

(fig. 50), fixé à la manivelle *k* d'un axe *g'*. Cet axe porte un disque *g*, qui, au moyen des nervures *h*, saisit les deux ailes *f* d'un tampon *b*, maintenu par le ressort en spirale *p*, et par suite de la rotation de l'axe *g'*, fait tourner également le tampon *b*. Ce tampon est placé dans une boîte *a* qui est disposée dans le canal de communication 10 des deux cylindres 1 et 2. Le bour-

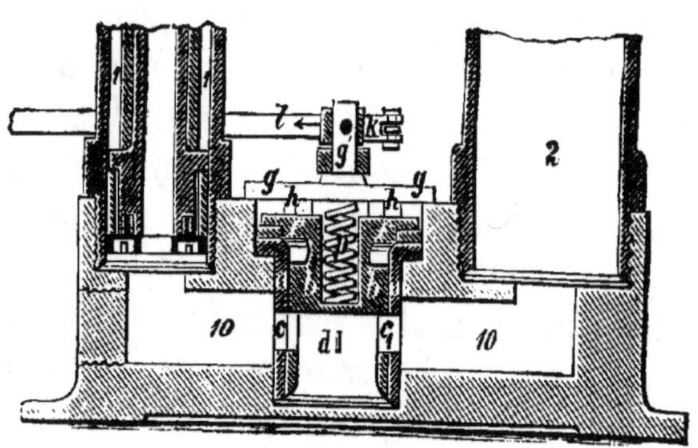

Fig. 50.

relet supérieur de la boite *a* est pourvu de deux ou plusieurs tiges en forme de vis sur lesquelles avancent les ailes *f* du tampon *b* et opèrent le soulèvement du tampon. La boite *a* et le tampon *b* sont munis d'ouverture *cc'* et *d*, au moyen desquelles, par suite du soulèvement rotatif du tampon la communication entre les cylindres 1 et 2 devient telle, que les tampons de ces cylindres se lèvent ou s'abaissent selon que devient nécessaire le maintien d'un écartement constant entre les charbons que portent ces derniers.

Ces lampes ont été décrites dans l'hypothèse de l'emploi pour leur marche avec courants continus, mais rien n'empêche d'employer des courants alternatifs. Il suffit de donner le même diamètre aux deux cylindres verticaux. L'emploi de cette lampe n'est également pas seulement restreinte aux locomotives et aux navires, mais elle peut encore servir à tout autre usage.

Le système de lampe dont il s'agit se distingue par sa grande sensibilité et l'absence de roues dentées, engrenages, poulies, échappements, etc. ; il est particulièrement propre à la division de la lumière électrique pour laquelle il n'y a aucun changement à faire dans sa construction ; seulement on remplace le ressort à spirale par une bobine d'une grande résistance ayant son armature placée au point d'attaque actuel du ressort à spirale.

LAMPE SOLIGNAC

Nous trouvons ici un moyen tout original de réglage de l'arc voltaïque. Solignac utilise en effet la chaleur produite par l'arc voltaïque pour régler ce dernier. La figure 51 représente la lampe entière, telle qu'elle est disposée pour son usage pratique et la figure 52 représente sa construction. Les charbons K, K^1, ont environ 50 centimètres de longueur et sont placés horizontalement. Ils sont mis en mouvement, l'un vers l'autre, au moyen de deux boites à ressort F et de deux cordes ou chaines S, qui s'enroulent autour des poulies R_1 pendant que les extrémités libres des charbons sont reliées avec les poulies R et que les cordes ou chaines passent dans les guides T, T_1. Les charbons sont pourvus sur leur côté inférieur de tiges en verre C_1, dont les extrémités recourbées vers l'arc voltaïque, viennent à peu de distance de ce dernier, buter contre la pièce d'arrêt A en nickel dont la position peut être fixée au moyen

de vis. Le courant passe par la borne U, le support et
les poulies de contact C dans les charbons où il pénètre
tout près de l'arc voltaïque, d'où il résulte que le courant, n'a qu'à parcourir quelques centimètres de charbon pendant toute la durée de l'allumage. Le tout est
maintenu par le plateau P et le support B, qui servent
en même temps de conducteurs. Au moyen de la vis N,
on peut augmenter ou diminuer la distance des deux
moitiés de la lampe et c'est également par ce moyen
qu'on produit l'arc voltaïque au commencement de

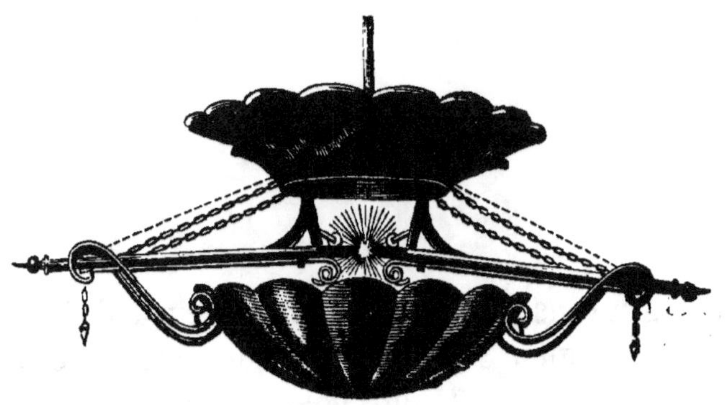

Fig. 51.

l'allumage. Momentanément on établit la production
de l'arc voltaïque avec la main, mais Solignac s'occupe
en ce moment de remplacer ce travail par une disposition automatique au moyen d'un solénoïde agissant
sur un allumeur. Dans leur tendance à se rapprocher,
les charbons ne sont retenus que par les tiges de verre
qui viennent buter en A contre la pièce d'arrêt en
nickel, mais comme ces tiges se trouvent directement
dans le voisinage de l'arc et que la chaleur qu'émet ce
dernier est très considérable, il arrive que par suite
d'une certaine longueur de l'arc, l'incandescence des
charbons échauffe tellement la pièce d'arrêt et les tiges

de verre qui viennent y buter que ces dernières deviennent molles et se courbent en arrière, comme le montre la figure. Cela se produit sous l'influence de la pression avec laquelle le ressort F tend à rapprocher les charbons. Au fur et à mesure que les charbons brûlent, la même action se renouvelle et comme cela s'accomplit d'une manière imperceptible et continuelle,

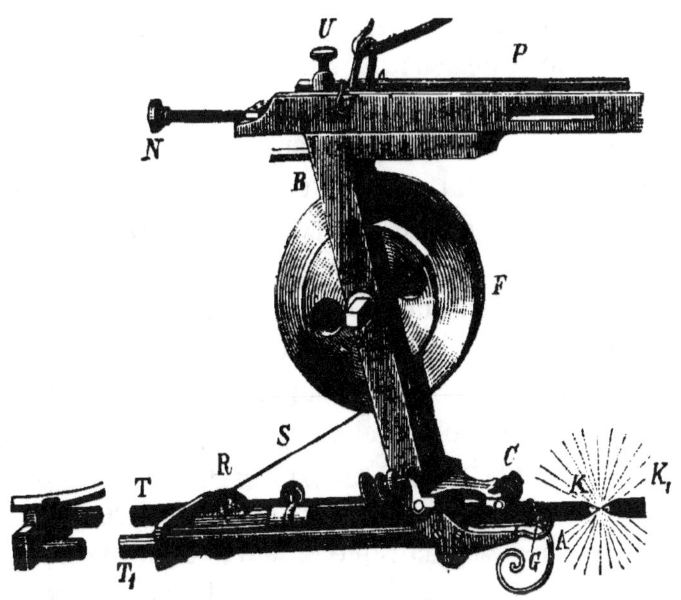

Fig. 52.

on ne remarque aucun mouvement ni aucune variation dans l'arc voltaïque. Le réglage de l'arc voltaïque est donc exécuté pour un effet produit par lui-même, la chaleur, et non par une disposition étrangère comme dans tous les autres systèmes de régulateurs.

Du Moncel déclare qu'il a été très satisfait des résultats obtenus avec cette lampe. On pouvait alimenter avec une machine de Méritens cinq de ces lampes dans un circuit. Cette lampe a cependant l'inconvénient de ne point produire le jaillissement de l'arc par elle-même, ce qui oblige à employer le secours de la main soit pour commencer l'allumage, soit pour réallumer la lampe si l'arc vient pour un motif quelconque à s'éteindre.

LAMPE HORIZONTALE SIEMENS

Comme Solignac, Siemens a également construit une lampe avec des charbons disposés horizontalement. La figure 53 en donne l'image. Les crayons de charbon k et k_1 sont à cet effet guidés dans des conduites r et r_1 ouvertes par le haut, et reçoivent leur mouvement de la rotation de deux poulies qui sont reliées par leurs côtés extérieurs avec les disques ss_1. Pour que les crayons de charbon soient sûrement entraînés par les poulies, il existe deux autres poulies WW_1 qui pressent par en haut, par leur propre poids, sur les crayons. A la partie supérieure de la lampe, et placé coniquement dans un courant de dérivation, se trouve fixé un solénoïde enroulé en forme de cône, dans lequel peut se mouvoir le noyau en fer cylindrique e; la tige à laquelle celui-ci est suspendu, porte à son extrémité supérieure une coupe s_2 pour recevoir des grains de plomb, qui servent à régler, par la quantité plus ou moins grande de plomb qu'on y met, la force d'attraction du solénoïde sur le cylindre de fer. Le cylindre de fer porte à son extrémité inférieure un noyau qui peut tourner sur lui-même et qui supporte les tiges dd_1. Au-dessus du point d'attache de ces tiges, une plaque se trouve fixée au noyau en fer e, qui vient heurter contre le levier h dont l'autre extrémité porte la tige d_2.

La lampe fonctionne de la manière suivante : Quand la lampe est hors du courant, le noyau e descend, pousse par conséquent la tige d_1 vers le haut et celle-ci fait tourner le disque s dans le sens de la marche d'une aiguille d'horloge; par suite de cette rotation, il faut évidemment que le charbon k_1 s'éloigne du charbon k.

Fig. 53.

Si maintenant on place la lampe dans un circuit, le solénoïde, par lequel doit passer d'abord tout le courant, puisque les deux charbons ne se touchent pas, attire le noyau de fer e; par suite du mouvement ascensionnel des tiges dd_1 reliées avec lui, le disque s tourne dans le sens de la marche d'une aiguille d'horloge et le disque s_1 dans le sens opposé; les deux crayons de charbon sont donc forcés de marcher l'un vers l'autre. Maintenant, la presque totalité du courant passe par les charbons en contact et rien qu'un courant de dérivation par les spirales du solénoïde; le noyau de fer s'abaisse, et par suite de la descente des tiges d et d_1, les disques s et s_1 tournent dans leur direction antérieure inverse et les crayons de charbon s'éloignent l'un de l'autre. L'arc voltaïque prend ainsi naissance. Les charbons se consomment et la résistance dans le circuit principal augmente, ce qui accroît le courant dans le solénoïde. Le noyau de fer est attiré de nouveau vers le haut entrainant avec lui les tiges dd_1, et les disques s et s_1 tournent dans la direction déjà mentionnée. Les charbons se rapprochent également de nouveau et ainsi de suite. Si, pour un motif quelconque, la lampe venait à s'éteindre, la totalité du courant passerait comme dans le commencement par le solénoïde, amènerait, comme il a été décrit plus haut, les deux charbons en contact, et l'arc voltaïque prendrait de nouveau naissance. Lorsque les charbons sont brûlés, les poulies-guides W et W_1 descendent, établissent le contact en c et c_1 et la lampe se trouve fermée en court circuit. Le bloc m de marbre, craie ou matière semblable, sert de réflecteur, et une cloche en verre forme un abri contre les courants d'air.

LAMPE FONTAINE

La longueur constante de l'arc voltaïque est obtenue par l'effet des trois électro-aimants AB et C (figure 54). Un levier pivotant autour de O porte à l'une de ses extrémités l'armature D commune aux électro-aimants A et B, à l'extrémité opposée, la dent d'enrayage F qui

peut s'engrener dans la roue dentée E. Celle-ci forme
le dernier rouage d'un système d'engrenage, dont la
première roue s'engrène dans
la tige dentée du porte-charbon
supérieur. L'armature de l'aimant c est reliée solidement au
porte-charbon inférieur et est
éloignée de l'électro-aimant par
un ressort énergique en spirale
G_1. Aussi longtemps que la lampe
est sans courant, l'armature D
demeure entre les pôles des électro-aimants A et B.

Si la lampe est placée, au
moyen de ses deux bornes polaires, dans le circuit d'une machine à lumière, le courant passe
de la borne polaire du côté gauche dans l'électro-aimant A
pour se rendre vers la borne
polaire du côté droit, D se trouve
attiré par A, la dent F cesse
d'embrayer la roue d'entrée E,
et le porte-charbon supérieur descend en vertu de son propre poids
jusqu'à ce qu'il y ait contact
entre les deux charbons. Mais, à
ce moment, le courant qui passe
dans la lampe se divise en trois
branches, dont la première prend

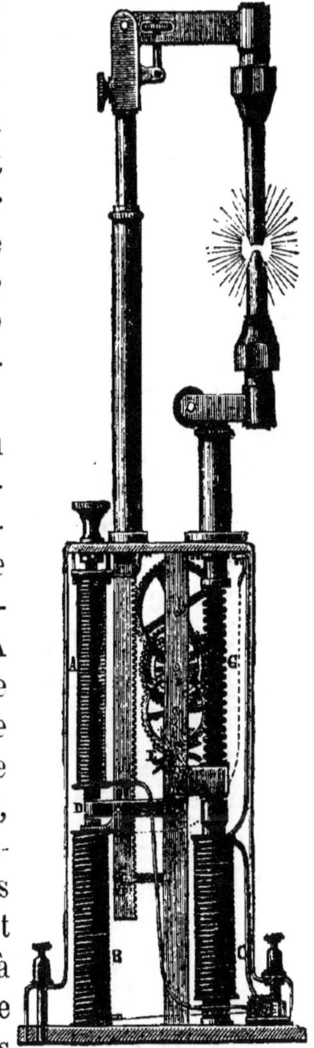

Fig. 54.

la direction indiquée ci-dessus, la deuxième parcourt
les deux charbons et l'électro-aimant B (indiquée par
des points dans la figure), et enfin la troisième traverse également les deux charbons et contourne l'élec-

tro-aimant C. Comme l'électro-aimant A possède des spirales de fil fin, il est faible en comparaison de l'électro-aimant B dont la force est prédominante. L'armature D descend pour cette raison, par suite la dent d'embrayage monte et le système de rouages se trouve arrêté. Mais en même temps l'électro-aimant C attire son armature, produit par là un mouvement descendant du porte-charbon inférieur, les deux charbons s'éloignent donc l'un de l'autre et l'arc voltaïque jaillit. Par suite de la consommation du charbon, l'électro-aimant B s'affaiblit, tandis que A gagne en force; l'attraction de ce dernier finit par l'emporter, l'armature D monte, la dent d'embrayage F rend la liberté aux rouages, et le charbon supérieur peut descendre jusqu'à ce que l'aimant ait de nouveau atteint sa force et que l'arc voltaïque ait repris sa longueur primitive. L'électro-aimant C ne change pas sa force, et c'est pour cette raison que le charbon inférieur ne change jamais de position. La lampe ne possède donc pas de point d'éclairage constant. Pour pouvoir l'utiliser avec des forces de courants différentes, on a adapté au couvercle de la boîte une vis, au moyen de laquelle on peut élever ou abaisser l'électro-aimant A. La division du courant dans les électro-aimants donne la faculté de placer plusieurs lampes dans le même circuit.

LAMPE GRAMME

La tige dentée D, fig. 55, porte le charbon supérieur positif et son poids sert de moteur pour régler les mouvements de celui-ci; le charbon inférieur négatif est fixé à une traverse G_1 qui est reliée à deux tiges EE. Celles-ci sont vissées à leur extrémité à une traverse C en fer forgé qui constitue l'armature de l'électro-aimant AA

placé dans le circuit principal et qui est constamment
poussée vers le haut par les ressorts en spirale RR.
L'électro-aimant B de grande résis-
tance, placé sur un courant de dérivation, possède une armature reliée avec le levier L, qui pivote autour de V. A l'autre extrémité du
levier se trouve solidement fixée
avec lui une dent d'embrayage S
qui peut s'engrener dans la zone
dentée. U est un ressort qui attire
constamment l'armature de l'aimant B; N est un ressort de contact
et M une pointe de contact.

Le fonctionnement de la lampe
a lieu de la manière suivante : Par
l'action des ressorts RR et des atta-
ches XY, l'extrémité du levier L, qui
porte la dent d'embrayage S, est
dans la position du repos, toujours
attirée vers le haut, ce qui laisse
libre la roue dentée; la tige dentée
descend en vertu de son poids jusqu'à ce que les deux charbons se
touchent. Le courant peut alors pénétrer dans la lampe. Il entre par la
borne marquée du signe + passe
par les parties en métal de la lampe
dans le porte-charbon supérieur,
puis par le charbon inférieur dans
la tige E et de là par l'électro-aimant AA dans la borne marquée du signe —.

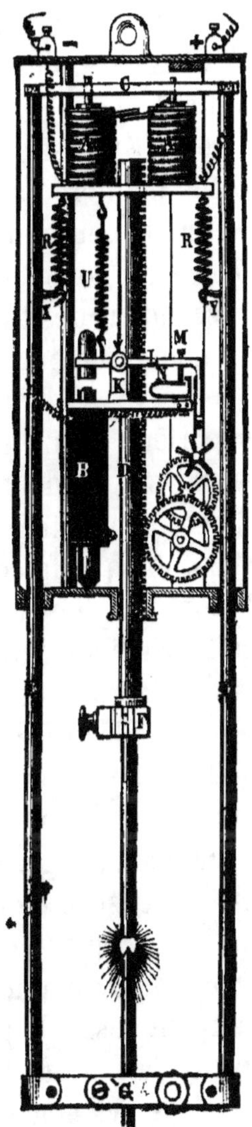

Fig. 55.

Au point P existe un branchement par lequel une
partie du courant principal peut contourner l'électro-

aimant B sans passer par l'arc voltaïque. Son chemin sort du corps de la lampe par la pointe M dans le ressort de contact isolé N, puis par l'électro-aimant B et retourne de nouveau dans le corps de la lampe au point P.

Aussitôt qu'un courant traverse la lampe, l'électro-aimant AA attire la traverse G, fait descendre les tiges EE ainsi que le charbon inférieur et établit de cette manière l'arc voltaïque. Le porte-charbon inférieur demeure dans cette position pendant toute la durée du fonctionnement. Par suite du mouvement descendant des tiges EE et de l'attraction du ressort U, la dent d'embrayage S pénètre dans la roue dentée, l'embraye et empêche la descente du porte-charbon supérieur D. L'électro-aimant B est très grand, et, ses spirales possèdent, comme on le sait, une grande résistance, par suite le courant qui y circule est très faible. Mais, lorsque la consommation des charbons augmente la longueur de l'arc voltaïque, la résistance dans le circuit principal devient plus grande, et le courant plus faible, tandis que le courant de dérivation augmente de force. L'électro-aimant B attire son armature et par suite la dent d'embrayage cesse d'agir. La roue d'embrayage devient alors libre, et avec elle le reste de la série des rouages ainsi que la tige dentée, ce qui permet la descente du charbon supérieur. Mais à ce moment le contact de la pointe M et du ressort N, se trouve interrompu et par suite le courant qui traversait l'aimant cesse de passer. Le ressort U attire par conséquent l'armature qui reprend sa position de repos, en fixant le système des rouages, et la descente du charbon se trouve de nouveau interrompu.

Si les charbons continuent à brûler, le même jeu recommence et se continue ainsi aussi longtemps que la lampe fonctionne.

Comme la force du courant dans le circuit principal ne diminue pas d'une façon subite, celle du circuit de dérivation n'augmente donc pas non plus tout à coup ; aussi le rapprochement des charbons ne se produit-il pas par soubresauts, mais bien d'une façon continuelle, et sa marche se règle toujours sur la consommation des charbons.

La lampe peut être employée pour produire des foyers isolés ou divisés.

LAMPE WESTON-MŒHRING

Cette lampe destinée à produire des foyers divisés est représentée par la figure 56. Le mécanisme régulateur est très simple et se trouve renfermé dans une petite boîte qui se place au-dessus de la lampe. EE_1 est un électro-aimant dont la partie supérieure de l'armature A demeure un peu au-dessous du pôle de l'aimant E, aussi longtemps qu'il ne passe pas de courant par les spirales de l'électro-aimant ; l'armature est fixée au châssis au moyen de deux ressorts plats F. Ce mode de suspension permet à l'armature de se mouvoir vers le haut dès qu'elle se trouve attirée par l'électro-aimant. Le ressort S s'oppose à cette attraction et peut être tendu plus ou moins fortement au moyen de la vis R et du levier angulaire. Le levier H est fixé sur pivot à la partie inférieure de l'armature, il possède une ouverture qui permet le passage du porte-charbon positif ; l'axe de cette ouverture est cependant inclinée vers l'axe du porte-charbon de façon à ce que, lorsque l'armature opère un mouvement de montée, le porte-charbon se trouve saisi par les bords de cette ouverture et en suive les mouvements. Il ne peut passer librement à travers le trou que lorsque l'armature se trouve dans sa position la plus basse. Pour éviter la violence du mouvement ascendant produit par l'attraction de l'armature par l'électro-aimant, celle-ci se trouve fixée au moyen d'une articulation avec un tampon qui se meut dans le cylindre C rempli de glycérine.

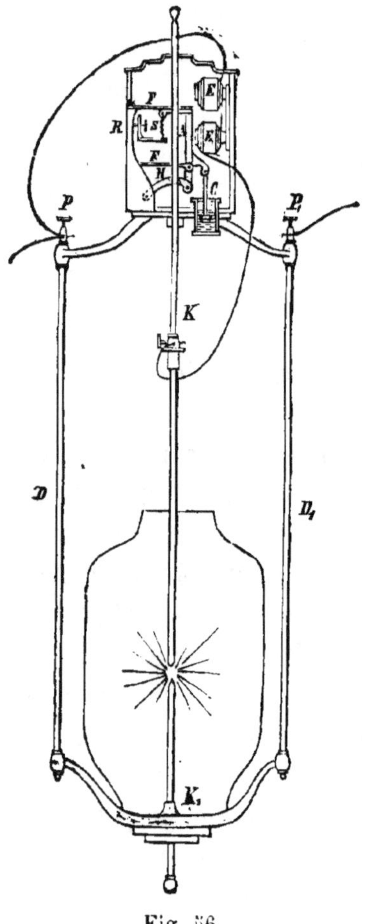

Fig. 56.

Le tampon lui-même se compose de deux disques dont chacun est percé de trois trous éloignés l'un de l'autre de 120°. Le disque supérieur est raccordé solidement avec la tige du tampon, tandis que celui du dessus peut pivoter autour de son axe. Il est évident que par suite de la rotation de ce disque les trous sont plus ou moins couverts, et que, par conséquent, les canaux pour le passage de la glycérine peuvent être, à volonté, établis plus ou moins grands, ce qui donne le moyen de régler à volonté la vitesse du mouvement de l'armature.

L'électro-aimant EE, se distingue par une construction toute particulière. Chacune des branches ne porte pas moins de trois bobines, celle près du noyau en fer doux est faite de fil fin, celle-ci est suivie dans la direction extérieure d'une bobine de fil fort et enfin la bobine extérieure se compose de nouveau de spirales de fil fin. Les spirales des bobines sont réglées de manière à ce que les directions du fil mince soient opposées aux directions du fil fort. Les bobines en fil fort sont placées dans le circuit principal, et celles en fil mince dans un circuit de dérivation.

Aussi longtemps qu'il ne passe pas de courant par la lampe, le ressort S tire en descendant et maintient l'armature A dans sa plus basse position, par suite le porte-charbon K peut descendre librement par l'ouverture du levier H, jusqu'à ce que son charbon rencontre celui du porte-charbon inférieur. Introduit-on maintenant la lampe dans le circuit d'une source d'électricité, le courant principal passe alors de la borne polaire P et les spirales en fil fort de l'électro-aimant dans le porte-charbon supérieur K, de là dans les deux charbons et la tige D jusqu'à la borne polaire P_1. Un courant de dérivation passe en même temps de P dans l'électro-aimant, contourne celui-ci dans ses spirales de fil fin en direction opposée au courant principal, et quitte également la lampe à P_1. Le courant de dérivation sera excessivement faible, parce que les deux charbons dans le circuit principal se touchent et n'opposent par suite qu'une faible résistance. L'aimant recevra donc par le courant principal un fort magnétisme, parce que le courant developpé par les fines spirales du circuit de dérivation est extrêmement faible. L'armature A est mise en mouvement vers le haut et avec elle le levier H. L'ouverture pratiquée dans ce dernier se présente alors dans une position inclinée au porte-charbon K et le force à participer au mouvement ascendant ; les charbons se trouvent légèrement séparés l'un de l'autre et l'arc voltaïque prend naissance.

Les charbons brûlent, la résistance dans l'arc voltaïque augmente et l'intensité du courant dans le circuit principal diminue, pendant qu'elle augmente dans le circuit de dérivation. L'effet magnétique de la bobine à fil fort diminue, celui de la bobine à fil fin grandit et comme ces deux forces agissent à l'opposé l'une de l'autre, la force d'attraction de cet aimant différentiel diminue. L'armature A descend par suite, et l'action des ressorts S amène le levier II dans une position, telle que l'ouverture qui y est pratiquée arrive dans la même direction que l'axe du porte-charbon supérieur et celui-ci glisse vers le bas. Mais il est bientôt arrêté dans ce mouvement, parce que, par suite de la diminution de l'arc voltaïque, la résistance dans le circuit principal diminue également et que l'électro-aimant, à l'aide de ses spirales en fort fil, gagne de nouveau en force, attire de nouveau l'armature A et serre le porte-charbon K par suite du mouvement ascendant du levier H. Tous ces mouvements s'opèrent d'une façon rapide et continue pendant toute la durée de l'allumage de la lampe. La longueur de l'arc dépend de la force avec laquelle le ressort S agit en opposition avec l'aimant : elle peut donc répondre à des courants de force différente par un réglage plus ou moins fort de la tension du ressort.

LAMPES BRUSH

La construction de ces lampes sera décrite d'après le modèle ancien (fig. 57) le plus simple, destiné d'abord à la production de foyers isolés.

Une colonne verticale de laiton supporte à sa partie supérieure un solénoïde A formé de quelques spirales de fil fort. Le noyau du solénoïde consiste en un tube C en fer forgé, dont le poids est contre-balancé en par-

tie par des ressorts en spirale *c*. Les vis *d* adaptées au-
dessus du noyau, permettent d'en régler la tension.
Dans l'intérieur du cylindre en fer se trouve le porte-

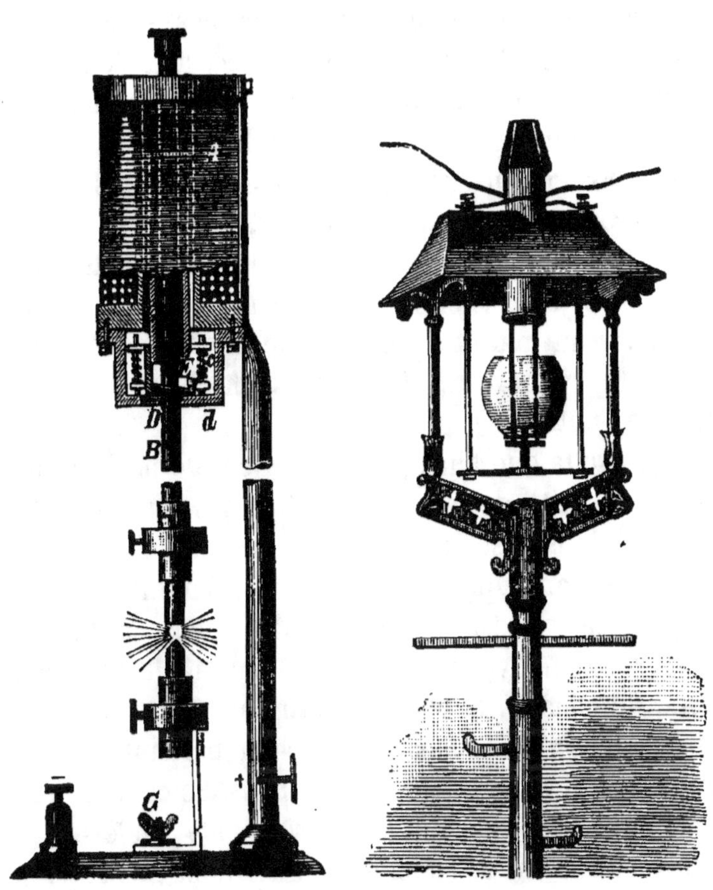

Fig. 57.   Fig. 58.

charbon supérieur positif B qui peut se mouvoir librement. Le porte-charbon inférieur est mobile sur son
pied au moyen de la vis G. Le cylindre en fer C porte
un crampon, qui fait serrage au-dessus de l'anneau D,
à travers lequel passe librement le porte-charbon supérieur.

Lorsque le solénoïde est hors du courant, l'anneau D repose sur le plateau inférieur du châssis, et le porte-charbon supérieur descend librement jusqu'à ce que son charbon rencontre le charbon inférieur. Mais si l'on met en communication les bornes + et — avec les pôles respectifs d'une source d'électricité, le courant passe par la colonne verticale dans le solénoïde, de là dans le charbon supérieur et par le charbon inférieur à la deuxième borne. Le solénoïde attire alors le tube de fer C et son crampon soulève un des côtés de l'anneau D; les bords de l'ouverture de cet anneau saisissant le porte-charbon B, l'empêchent de glisser en bas, en le forçant plutôt à participer au mouvement ascendant du cylindre C, et les deux charbons s'écartent l'un de l'autre.

L'arc voltaïque ainsi produit devient de plus en plus long par suite de la consommation des charbons et le courant dans le solénoïde de plus en plus faible à cause de la résistance qui augmente dans le circuit; par conséquent le cylindre C descendra lentement, l'anneau se placera de nouveau horizontalement sur la plaque de fond du châssis, et cela permettra au porte-charbon B de descendre à nouveau et d'opérer par suite un rapprochement entre les deux charbons. Le courant augmentera alors aussitôt et le solénoïde soulèvera de nouveau le cylindre en fer en emmenant en même temps l'anneau. Le mouvement ascensionnel de l'anneau est limité par la vis E. Dans le fonctionnement normal de la lampe tout le mouvement consiste en ce que l'anneau est soulevé, à des intervalles réguliers, sur un de ses côtés et arrête par moments la descente du charbon supérieur.

Les lampes pour la division de la lumière possèdent exactement le même mécanisme régulateur à l'exception que le solénoïde se compose de spirales doubles, dont les spirales intérieures sont formées de fil fort et reliées avec le courant principal, tandis que les spirales extérieures, faites de nombreux tours de fil fin, sont placées dans un circuit de dérivation de façon à ce que la direction du courant dans la spirale extérieure se trouve opposée à celle de la spirale intérieure. Le solénoïde agit alors toujours par la différence des mouvements magnétiques des deux courants et cela de la manière suivante : Lorsque les deux charbons se touchent au commencement, il passe d'abord un violent courant par la spirale en gros fil, un très faible courant par la spirale en fil fin qui se trouve dans le circuit de dérivation. Le cylindre en fer est attiré dans le solénoïde par la différence des deux mouvements magnétiques, et forme, en soulevant le porte-charbon, l'arc voltaïque. En somme, à mesure que celui-ci consomme les charbons, la résistance augmente dans le circuit principal et l'intensité de son courant s'abaisse ; par contre, dans le circuit de dérivation, le courant augmente dans la spirale de fils fins. La différence des moments magnétiques des deux spirales devient de plus en plus petite, et par suite la force d'attraction sur le cylindre en fer toujours plus faible ; celui-ci descend, l'anneau se place de plus en plus horizontalement et laisse descendre le porte-charbon supérieur.

Pour éviter une descente trop rapide du porte-charbon, il est façonné en forme de tube rempli de glycérine dans laquelle plonge un tampon percé de trous dont l'extrémité supérieure est attachée à la lampe ; comme le tube (le porte-charbon) ne peut descendre qu'avec une vitesse égale à celle de l'écoulement de la glycérine à travers le tampon, le mouvement se trouve par suite amorti.

La lampe est en outre pourvue d'un deuxième circuit de dérivation qui a pour but de permettre lá sortie du circuit d'une lampe qui s'éteint pour une cause quelconque, sans troubler l'éclairage des autres lampes. On emploie à cet effet un électro-aimant qui est entouré en même temps de fils fins et de fils gros. Si donc le courant principal de la lampe se trouve interrompu pour un motif quelconque, il passe alors un courant énergique par le fil fin de cet électro-aimant ; celui-ci attire son armature et amène les spirales de gros fils dans le circuit. Le courant passe alors par l'armature de l'installation en dérivation par les quelques tours de la spirale de gros fils et parvient à la lampe voisine. La spirale à fil fin sort du courant et on évite ainsi toute perte inutile d'électricité.

Les lampes sont munies de crayons de charbon légèrement cuivrés de 12 mm. de diamètre sur 0 m. 305 de longueur. Avec un courant de 10 ampères, ils ont une durée d'allumage de huit heures.

Pour des durées plus longues, Brush construit des lampes avec deux ou plusieurs paires de charbon. La figure 58 représente une lampe avec deux paires de charbon montée en lanterne de rue, et la figure 59 la construction de son mécanisme régulateur. Deux bobines rondes E_1 E_2 placées l'une à côté de l'autre, dans lesquelles entrent deux noyaux en fer F_1 F_2, sont reliées ensemble et constituent un électro-aimant en forme de fer à cheval, enroulé de quelques spirales de gros fil et de nombreuses spirales de fil de lin. Le gros fil conduit le courant à l'arc voltaïque, le fil fin forme un circuit de dérivation pour toute la lampe. Les raccords sont faits de telle manière que les deux enveloppes sont parcourues par des courants de direction opposée, de telle sorte que le courant de dérivation affaiblisse l'effet du courant

principal. Les résistances et les quantités de spires sont
mesurées de façon à ce que dans la longueur normale
de l'arc voltaïque (2 mm.), l'effet du courant principal
soit plus fort que celui du courant de dérivation, parce
qu'il a à tenir en équilibre une partie du poids des

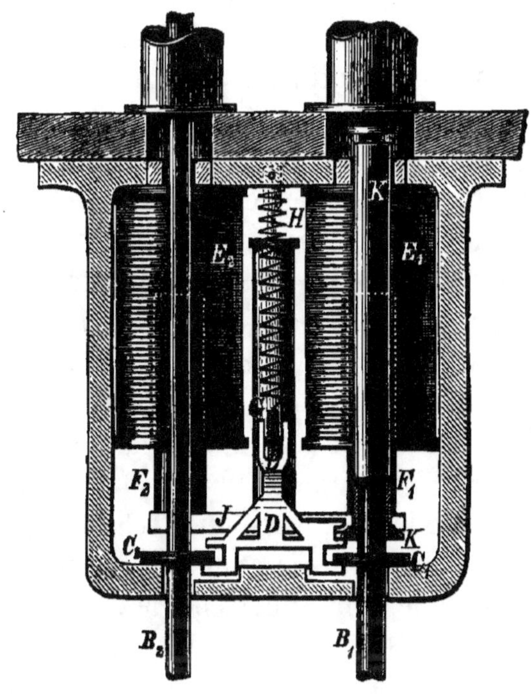

Fig. 59.

charbons et des porte-charbons. En raison de leur
propre poids, les crayons de charbon se touchent;
lorsqu'un courant entre dans la lampe, les bobines
attirent les noyaux de fer, les charbons sont écartés l'un
de l'autre au moyen des anneaux de serrage jusqu'à
ce que, par suite de l'augmentation de l'arc et de l'accroissement conséquent de sa résistance, le courant de

dérivation devienne assez fort pour empêcher une élévation plus grande du noyau de fer, et maintenir l'arc à une longueur déterminée.

Lorsque le courant principal a parcouru les deux bobines, dont les spires en fil fort sont placées parallèlement les unes à côté des autres, il traverse le corps de lampe et de là au moyen d'une brosse métallique de fils fins, non indiquée dans la figure, il parcourt le porte-charbon supérieur, l'arc voltaïque et le charbon inférieur pour revenir à la borne de retour. Les deux noyaux de fer réunis $F_1 F_2$ agissent sur un levier L à un seul bras; celui-ci porte à une de ses extrémités le récipient de glycérine déjà décrit, et en outre un ressort en spirale H qui sert à contre-balancer une partie du poids des charbons, porte-charbons, etc., et enfin, près de son point de rotation un petit rebord D, qui sert à lever les anneaux de serrage C_1 et C_2. Comme une des échancrures de la bordure se trouve un peu plus large que l'autre, il arrive que l'un des charbons est soulevé un peu plus tôt que l'autre, parce que l'échancrure la plus faible saisit la première l'anneau qui y est placé, avant l'autre, Lorsque le rebord descend, le dernier charbon est rendu libre, pendant que l'autre demeure encore pris. Par suite de la consommation du charbon, l'arc voltaïque deviendrait de plus en plus long, si, à mesure que la résistance de l'arc augmente, le circuit de dérivation ne recevait pas un courant plus fort et ne produisait par suite un abaissement correspondant du charbon. Il n'y a donc qu'un seul charbon à régler et cela jusqu'à ce qu'il ait brûlé suffisamment pour qu'un bouton placé sur la tige dont il s'agit vienne à s'appuyer sur le tube K qui entoure le charbon et repose sur ce rebord. Le charbon ne peut alors reculer davantage.

Lorsque ce charbon est par trop consommé, la des-

cente du rebord provoquée par les bobines donne la
liberté au deuxième porte-charbon ; ces charbons viennent à se toucher, l'arc voltaïque passe sur eux et le
réglage du deuxième charbon supérieur suit la même
marche que tout à l'heure pour le premier. Pour que
les charbons n'aient pas de mouvement trop rapide,
les tiges qui entourent les anneaux de serrage sont
également munies d'amortisseurs à glycérine.

Quand la dernière paire de charbon est consommée
à tel point que le charbon supérieur ne peut plus avancer et que la résistance de l'arc voltaïque a dépassé sa
mesure ordinaire, la disposition déjà décrite pour la
mise de la lampe hors du circuit opère son action.

RÉGULATEUR EDISON

La lampe Edison a pour but d'assurer la constance
de l'arc voltaïque et une consommation égale des deux
charbons. Ce but est atteint en faisant tourner rapidement sur son axe vertical, l'un des crayons de charbon
ou même les deux. Dans le premier cas, le charbon fait
2,000 à 3,000 tours par minute, dans l'autre cas les
charbons tournent à l'opposé l'un de l'autre et ne font
que la moitié de ce nombre de tours. Pour faire tourner
un des charbons (le charbon supérieur dans la figure 60),
on se sert d'un moteur du système Pacinotti. Le charbon positif C est fixé au moyen d'une charnière ronde
à la tige métallique D et son extrémité inférieure est
guidée près du point *b*. L'armature circulaire F du
moteur repose sur une cartouche C au-dessus des
pôles des électro-aimants EE qui sont fixés sur le fond
du châssis A. Sur la tige D est installé l'interrupteur
du courant *f* sur lequel glissent les ressorts à commu-

tateur *d* et *e*, qui conduisent aux électro-aimants EE le courant du circuit du moteur 3 et 4. Une résistance appropriée permet le réglage de ce courant. Entre les électro-aimants H et J, dont le premier est placé dans le circuit de la lampe 1-2, et le dernier dans le circuit

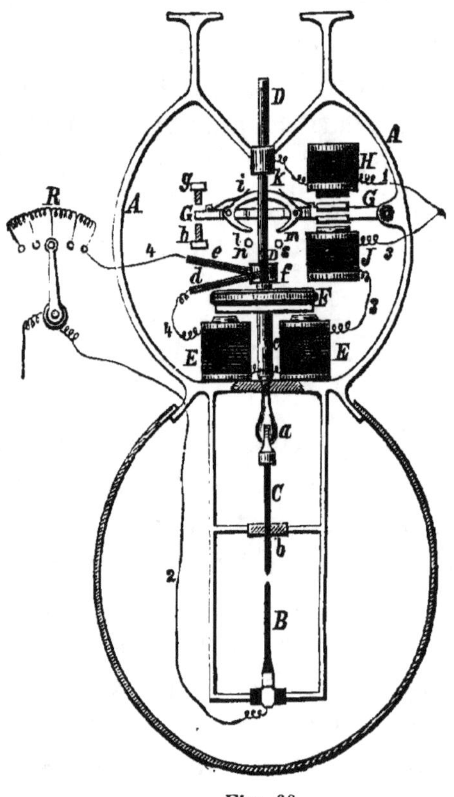

Fig. 60.

du moteur 3-4, est placé un levier G mobile à une de ses extrémités, dont le développement d'action est limité par des arrèts *g* et *h* qui sont munis de griffes *ik* servant à maintenir le porte-charbon D. Si la résistance devient trop faible dans le circuit de la lampe, l'électro-aimant J l'emporte sur l'électro-aimant H, attire le levier C, en bas et les griffes *i* et *k*, heurtant avec leurs bras sur les pointes *n* et *s*, tournent et permettent au porte-charbon D de descendre avec le charbon. Dès que les charbons C et B se sont suffisamment rapprochés, l'électro-aimant H, qui a de nouveau acquis de la force, attire le levier H vers le haut, et les griffes *i k* serrent de nouveau le porte-charbon.

LAMPE GÉRARD

Cette lampe représentée par la figure 61 se compose d'un solénoïde S, placé dans un courant de dérivation, et dans le creux duquel peut se mouvoir librement le porte-charbon supérieur K_1. Le solénoïde possède en haut et en bas une armature ; l'armature supérieure est percée d'un trou qui permet au porte-charbon supérieur de traverser et se trouve tirée au dehors du solénoïde par le contre-ressort *f*. Le porte-charbon inférieur K_2 est fixé à l'armature inférieure.

A l'état de repos de la lampe, aucune armature n'est naturellement attirée ; le porte-charbon inférieur se trouve en bas, le porte-charbon supérieur reste maintenu par l'armature supérieure du solénoïde formant anneau de serrage ; les crayons de charbon sont donc hors de contact.

Dès que le courant entre dans la lampe, il faut, en raison de l'état de la lampe qui vient d'être indiqué, que tout le courant passe par le solénoïde du circuit de dérivation ; celui-ci attire l'armature inférieure et soulève ainsi le porte-charbon inférieur ; mais il attire aussi l'armature supérieure, le serrage cesse et le charbon supérieur peut facilement descendre, jusqu'à ce qu'il arrive au contact avec le charbon inférieur. Cela fait, le courant principal traverse alors les charbons, et le solénoïde, devenant presque sans courant, laisse tomber ses deux armatures, d'où il s'ensuit que le charbon inférieur s'abaisse, celui du haut se trouve embrayé et, par conséquent, l'arc voltaïque s'établit. Si

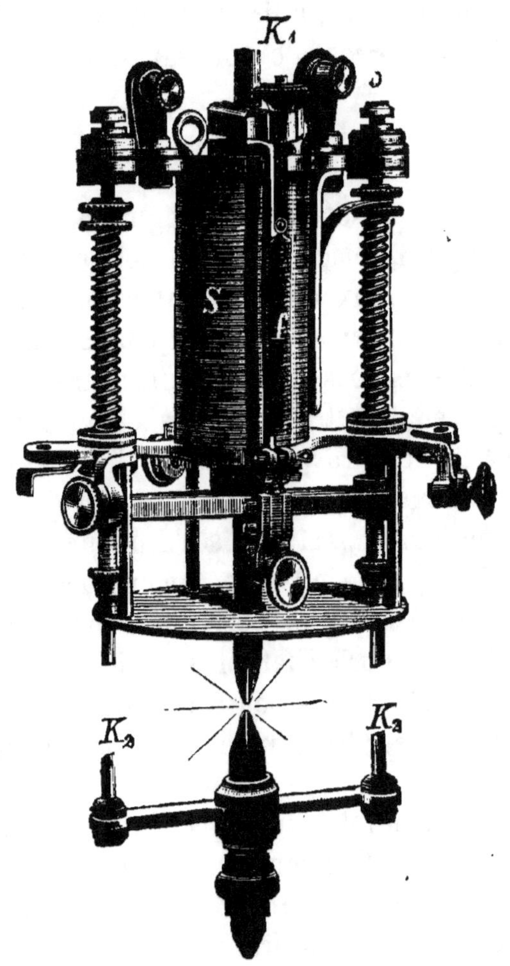

Fig. 61.

la résistance augmente dans le courant principal par suite de la consommation des charbons, le solénoïde gagne en force, attire ses deux armatures et permet aux deux charbons de se mouvoir l'un vers l'autre.

Pour ne pas troubler les autres lampes dans le même circuit par suite d'extinction de l'une d'elles, Gérard emploie un décalateur automatique (figure 62). Les bornes a et b sont d'un côté en communication par un

Fig. 62.

circuit de dérivation avec le circuit de la lampe, d'un autre côté avec l'électro-aimant E de haute résistance. L'armature mobile A porte à sa partie inférieure un crochet h qui s'engrène dans une échancrure de la traverse q qui est muni de 2 tiges s_1 s_2. et maintient celle-ci en l'air aussi longtemps que l'armature n'a pas été dérangée par l'attraction de l'aimant. Les deux tiges plongent dans les tubes r_1 r_2 en partie remplis de mercure, et ces derniers sont en communication directe avec les bornes cd. Aussi longtemps que la lampe brûle, il ne passe presque pas de courant par l'aimant E du décalateur parce que sa résistance est trop grande. Mais si la lampe s'éteint, l'aimant E devient efficace, attire son armature A, qui tourne de manière à ce que le crochet h abandonne la traverse q et la laisse tomber. Les deux tiges s_1 s_2 plongent dans le mercure et le courant s'écoule sans passer par la lampe de la borne a et c dans le vase r_1, traverse son mercure, la tige s_1 et la traverse q jusqu'au deuxième vase de mercure r_2 et se rend par la borne d aux lampes voisines.

RÉGULATEUR SCHULZE

Schulze se sert pour le serrage du porte-charbon d'une disposition semblable à celle de Brush, mais il emploie des poulies, ce qui semble plus avantageux. La lampe (fig. 63) possède deux solénoïdes qui sont enroulés l'un sur l'autre, dont l'un, intérieur, s est formé de fils fins et l'autre, extérieur s, de fils gros.

Le noyau de ce double solénoïde est un cylindre creux en fer E, dont la base repose sur le levier H ; celui-ci agit sur le système de serrage GR, au moyen du levier h mobile autour de O. Le système de serrage se compose d'un cadre G dans lequel peuvent tourner les poulies R ; elles sont établies de manière à ce que la tige en laiton M, qui forme le porte-charbon supérieur, puisse facilement glisser au travers lorsque le cadre est dans une position horizontale. Le porte-charbon peut également se mouvoir sans résistance dans le cylindre en fer E.

Quand la lampe est au repos, le cylindre en fer se trouve dans sa position la plus basse, c'est-à-dire qu'il pousse sur le levier H et occasionne, par suite de la position inclinée du cadre G, le serrage du porte charbon supérieur, et les charbons ne se touchent généralement pas.

Mais, si le courant entre par la brosse B de frottement dans la lampe, il ne peut d'abord passer que par le solénoïde inférieur (en spires de fil fin) et il quitte la lampe par le châssis. Le cylindre en fer est alors soulevé par le solénoïde, le levier H se meut de bas en haut et h laisse tomber le cadre G. Par suite, ce dernier prend une position plus horizontale et la tige de laiton M munie de son charbon peut descendre entre les poulies R, jusqu'à ce que les deux

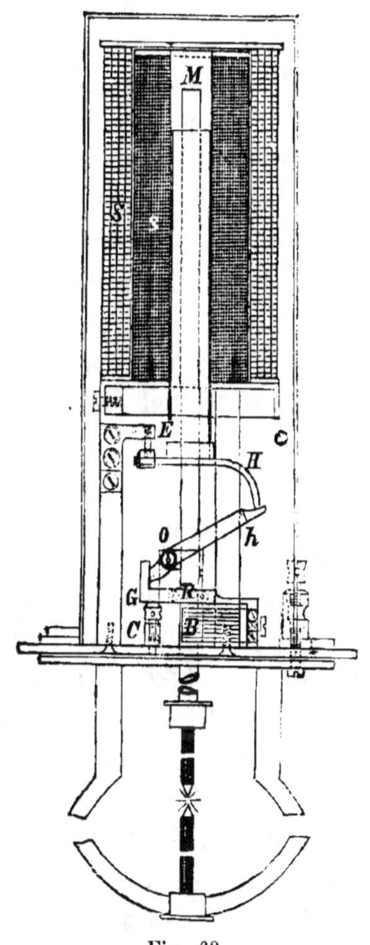

Fig. 63.

charbons se touchent. Le courant entre en B, se partage alors en deux branchements, une partie parcourt le chemin que nous venons de décrire, tandis que la partie principale passe par les charbons. Le solénoïde devient en conséquence un peu plus faible et permet au noyau

en fer de descendre un peu, par suite le cadre G serre
le porte-charbon en l'élevant légèrement.

L'arc voltaïque se forme de cette manière : la consommation des charbons occasionne une recrudescence
de courant dans le solénoïde à fil fin, celui-ci attire de
nouveau en haut le cylindre en fer et laisse de cette
manière le porte-charbon supérieur descendre de nouveau. Lorsque les charbons sont entièrement brûlés,
la lampe s'éteint et le cylindre de fer est attiré de plus
en plus dans le solénoïde. Par suite le cadre G s'abaisse
jusqu'à ce qu'il forme en C un contact, qui ouvre au
courant un chemin jusqu'au solénoïde à gros fil. Le
cylindre en fer est alors attiré entièrement dans le solénoïde, le porte-charbon devient entièrement libre et
peut-être remonté pour y placer des charbons neufs.

LAMPE TSCHIKOLEFF

Bien que cette lampe ne soit point très connue, elle
est cependant intéressante, parce qu'elle peut être
considérée comme la première lampe soi-disant différentielle. Tschikoleff, président de la section d'éclairage
de l'artillerie russe, s'en servait déjà en 1877. La construction de cette lampe est visible par la figure 64. E
représente un électro-aimant avec des spirales en fil
gros, E_1 un électro-aimant avec des spirales de fil fin.
MM représentent les pôles semi-circulaires de ces deux
électro aimants qui embrassent un anneau de Gramme
rr dans les $2/3$ de sa circonférence. Les brosses de
contact frottant sur le collecteur de courant de l'anneau
sont fixes aux supports cc_1. L'axe de l'anneau de Gramme
se prolonge par le haut et dans cet axe sont entaillés
des vis de direction opposée, et cela de s à s dans
une direction et de s_1 à s_2 dans l'autre, chacun des

porte-charbon sert de pas à ces deux vis. La largeur
du filet de ces deux vis est la même quand la lampe
est alimentée par des courants alternatifs, mais elle diffère quand on emploie des courants continus. Une vis
fixe s_3 sert à élever ou à abaisser l'arc voltaïque, ce qui
mérite considération, si l'on doit
faire usage d'un réflecteur.

Le courant entre par L dans la
lampe et rencontre à ce point deux
chemins pour son passage ; une
partie parcourt les charbons, les
spirales en fil fort de l'aimant E et
quitte la lampe en L_1 ; une deuxième
partie du courant part de L, passe
par les spirales en fil fin de l'aimant E_1 et sort de la lampe en L^1.
Le courant passant par l'arc voltaïque trouve encore un deuxième
chemin en dehors de celui déjà indiqué en passant par le porte-charbon c et la brosse qui en dépend
dans l'anneau de Gramme, et de là
par c_1 dans L^1, de sorte qu'il passe
en tout trois parties de courant par
la lampe. En plaçant la lampe dans
un circuit, la plus grande partie

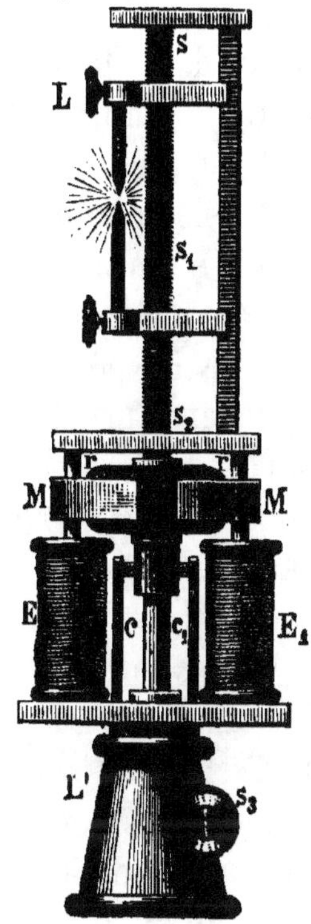

Fig. 64.

du courant parcourt les charbons en contact, une autre
partie les spirales de l'électro-aimant E, et un autre
l'anneau de Gramme ; la bobine E_1 devient presque sans
courant à cause de sa haute résistance. Dans l'anneau
de Gramme se forment des pôles dont la ligne de raccordement est perpendiculaire à la ligne de raccordement
des pôles magnétiques MM. Le pôle magnétique puissant
M fera faire à l'anneau une révolution correspondant à la

direction des spirales de son aimant et à la distribution
des pôles dans l'anneau de Gramme, et si la construction de la lampe est exacte, les pivots des vis ss^2
tourneront de façon à ce que, grâce à leurs pas entaillés de façon opposée, les porte-charbon s'écartent
l'un de l'autre. Par ce moyen l'arc voltaïque se trouvera formé. Les charbons se consomment, la résistance dans leur circuit augmente et l'intensité du
courant diminue. Dans la même proportion, le courant augmente dans l'embranchement auquel appar-
ient l'électro-aimant E_1 fait de spirales en fil fin, il
atteint enfin une telle force que le pôle de ce dernier
aimant devient plus énergique que celui de l'aimant à
gros fil. Le pôle magnétique ayant ainsi acquis de la
force fait tourner l'anneau de Gramme dans la direction
opposée, c'est à-dire que les charbons se rapprochent
l'un de l'autre. Dans un éclairage régulier de la lampe,
l'anneau de Gramme et, avec lui, l'intervalle entre les
deux charbons dépendent toujours de l'action différentielle des forces magnétiques des deux électro-aimants
E et E_1. Le réglage de l'arc se produit dans la lampe
de Tschikoleff sans le secours de rouages et sans aucune disposition de liquides. Bien que dans des circonstances d'ailleurs identiques des lampes sans disposition de liquides soient préférables à celles à liquides, parce que leur réglage marche avec plus de
continuité, il ne faut pas perdre de vue que, dans la
lampe en question, pour faire mouvoir l'anneau de
Gramme, il faut que l'un ou l'autre des pôles magnétiques ait atteint un certain degré de force, ce qui né-
cessite un certain laps de temps pour que l'anneau
opère une révolution, sans tenir compte du frottement
des vis, que l'on est obligé de vaincre par la force
d'attraction des aimants. Par suite, la longueur de

l'arc voltaïque ne reste pas absolument constante.

LAMPE CIRCULAIRE DIFFÉRENTIELLE SCHUCKERT

Les lampes de Schuckert sont aussi en principe des machines électro-magnétiques, dont l'anneau de Gramme a conservé la forme aplatie que Schuckert emploie dans ses machines électriques. Ce principe a été traité pratiquement dans une série de constructions diverses. Dans la première construction, l'anneau était disposé horizontalement et tournait entre les deux pôles de deux paires d'électro-aimants placés verticalement.

Selon que les aimants placés dans le circuit principal ou dans le circuit de dérivation deviennent plus ou moins énergiques, la rotation de l'anneau prend l'une ou l'autre direction. La transmission de ce mouvement aux charbons peut s'opérer de différentes manières; on a, par exemple, prolongé l'axe de l'anneau et on l'a fait servir en même temps de porte-charbon supérieur en le munissant d'un écrou dont la matrice se trouve entaillée dans l'anneau.

Dans une deuxième espèce de construction, l'anneau a été disposé verticalement et entouré de deux groupes de gros fil, pendant qu'une seule paire d'électro-aimant l'actionnait. La figure 65 nous montre une vue de côté et la figure 66 le dessin théorique de la communication électrique. L'anneau de Gramme est muni, par suite de l'installation du double enroulement, de deux paires de brosses *aa'* et *bb'*. La rotation de l'anneau est transmise par des roues dentées (diamètre 1 : 2) aux porte-charbon qui sont eux-mêmes dentés.

Le fonctionnement de la lampe est facile à expliquer

en suivant le dessin théorique de la figure 66. Le courant parcourt l'aimant NS, se divise alors en deux parties, dont l'une en passant par la brosse *a* rentre dans l'anneau, en traverse les fils forts, abandonne l'anneau à la brosse correspondante *a'* et traverse enfin les deux charbons; l'autre partie du courant parcourt, à l'aide des brosses *bb'*, les spires du fil mince de l'anneau et quitte la lampe sans passer par l'arc voltaïque.

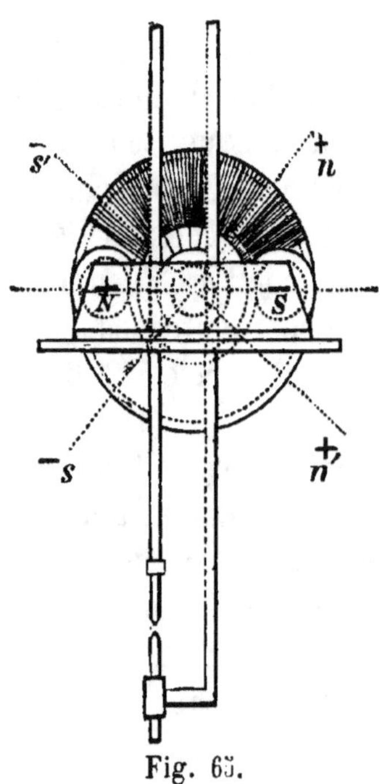

Fig. 65.

Aussi longtemps que la résistance sera faible dans le circuit premièrement indiqué, comme par exemple lorsqu'il y a contact entre les charbons, le courant l'emportera dans les spirales de fil fort et l'anneau sera obligé de tourner dans une direction déterminée par suite de la polarisation produite par le courant, nous dirons dans la direction de l'aiguille d'une horloge. Ce mouvement se transmettra de la manière déjà indiquée aux porte-charbon, éloignera les charbons l'un de l'autre et donnera naissance à l'arc voltaïque. Lorsque le courant viendra à faiblir dans le circuit principal par suite du grandissement de l'arc voltaïque, il faudra qu'il augmente dans le circuit de dérivation (indiqué par des points dans la figure), et il deviendra prépondérant sur le premier, de façon à régler maintenant la polarité de l'anneau. Un coup d'œil sur le dessin suffit pour montrer que dans ces conditions l'anneau est

obligé de se mouvoir dans la direction opposee à celle
de tout à l'heure, c'est-à-dire de marcher dans le sens
opposé à celui d'une aiguille d'horloge. Mais, si le
mouvement de l'anneau dans la direction de l'aiguille
d'une horloge a eu pour suite un écartement des charbons, le mouvement opposé de l'anneau devra évidemment produire leur rapprochement. Lorsque l'arc voltaïque a atteint sa longueur normale l'anneau possède

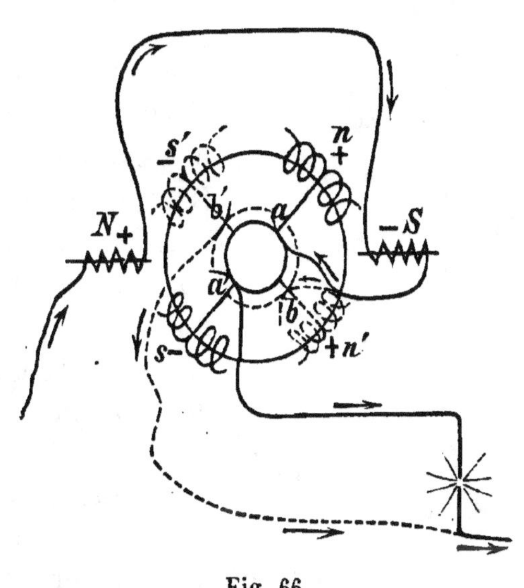

Fig. 66.

quatre pôles dans l'anneau *n*, *s*, *n'* et *s'*, qui, ainsi que
l'indique le dessin, ont, par rapport aux électro-aimants NS, une position telle que leurs effets opposés
sont également forts sur ceux-ci et maintiennent l'anneau en repos.

Le réglage de cette lampe, pour une résistance déterminée, se fait au moyen de deux vis, par lesquelles
la position de l'anneau contre les aimants se trouve
fixée.

Schuckert a également installé des dispositions dans sa lampe qui produisent automatiquement l'extinction ou le retrait de la lampe, lorsque les charbons sont presque entièrement brûlés. Une de ces dispositions agissant simplement par voie mécanique, consiste en ce qu'au moment voulu les poids du porte-charbon supérieur (par suite de la décroissance de son équilibre) l'emporte, qu'il descend jusqu'à contact avec le charbon inférieur, et ne peut plus se relever. Dans la deuxième disposition, le porte-charbon supérieur se termine par un cylindre en fer doux qui rentre dans la sphère d'attraction d'un solénoïde, avant que les charbons ne soient totalemen

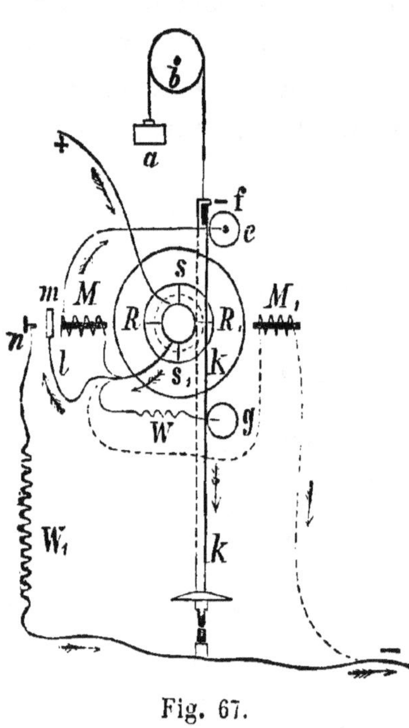

Fig. 67.

brûlés. Le solénoïde tire le cylindre en fer tout à fait en bas et met par conséquent les deux charbons en contact.

Enfin une troisième disposition consiste dans une décalation automatique des spirales placées dans le courant principal de l'électro-aimant (ou solénoïde) qui provoque l'écartement des crayons de charbon. Dans le dessin théorique indiqué figure 67, le courant passe dans l'anneau à l'aide des brosses ss, et se divise en un courant qui parcourt l'électro-aimant M, la poulie de contact e' et les deux porte-charbon, et en un courant de dérivation qui passe par la résistance W, la poulie de contact *g* et également par l'arc voltaïque. Quand les charbons sont presque brûlés, la partie isolée *f* du porte-charbon supérieur vient se placer sous la poulie de contact *e* et le courant ne peut plus passer par cette voie. L'électro-aimant placé dans le circuit secondaire (indiqué par des points) gagne en force et amène les deux charbons en contact. Dès que ceci arrive, le courant principal s'écoulerait, à travers la résistance W, par les deux charbons, si, le ressort *l* ne poussait pas aussitôt l'armature de l'électro-aimant M, contre le contact *n*. Par ce moyen les charbons perdent une partie du courant qui se perd dans la résistance W_1.

LAMPE DIFFÉRENTIELLE SIEMENS ET HALSKE

La lampe construite par von Hefner-Alteneck et connue sous le nom de lampe Siemens est la première lampe différentielle, qui trouva dans la pratique une assez large exploitation.

En utilisant le principe différentiel à la construction des lampes, il est possible de placer plusieurs lampes en tension dans un circuit, sans que l'extinction de l'une d'elles trouble la lumière des autres. Le dessin théorique (fig. 68) peut servir à l'explication de ce principe. SS_1 est une tige en fer doux qui est fixée au levier mobile autour de O. T représente un circuit de dérivation de haute résistance par rapport au courant qui passe dans la lampe et dans l'arc voltaïque ; R un solénoïde de faible résistance placé dans le courant principal. Les spirales des deux solénoïdes sont arrangées de telle manière que ceux-ci cherchent à attirer, chacun dans un sens opposé, la tige de fer, et agissent en conséquence avec la différence de leurs forces attractives ; en sorte que le réglage de l'arc voltaïque est continuellement le résultat de l'action différentielle des deux bobines.

Supposons que les deux charbons h et g ne se touchent pas, mais se trouvent à une certaine distance l'un de l'autre, le courant passe alors de L par la bobine T de

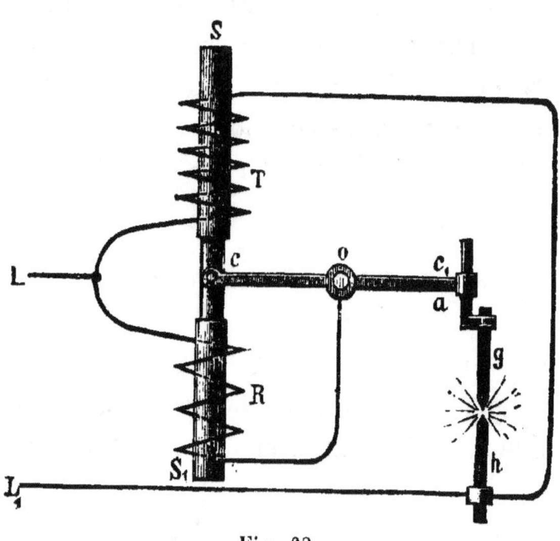

Fig. 68.

haute résistance dans le charbon inférieur h et de là par L_1 à la source d'électricité ; par ce moyen le noyau en fer SS_1 est attiré magnétiquement en T et l'extrémité du levier c_1 se trouve dans sa position la plus basse. Dans le même moment, le porte-charbon a se détache du levier cc_1 et s'abat lentement jusqu'à ce que les deux charbons se touchent. Le courant passe maintenant de L par Rgh vers L_1 ; la bobine R agit sur la tige SS_1, l'attire en bas et l'arc voltaïque se produit. Au premier moment du soulèvement, la communication se rétablit également entre a et C_1. A la résistance R est venue s'ajouter encore dans le circuit la résistance de l'arc voltaïque, qui augmente avec la longueur de l'arc; par suite le courant augmente en T et devient plus faible en R_1 jusqu'à ce que, lorsque l'arc a atteint une résistance déterminée, les forces d'attraction exercées par T et R se tiennent en équilibre.

Les crayons de charbon brûlent lentement, mais la longueur de l'arc se rétablit continuellement. Chaque fois que la tige de fer SS_1 s'élève, C_1 s'abaisse, le couplage cesse et le mouvement primitif recommence. Si dans le circuit, en dehors de la lampe, le courant varie d'intensité, cela ne suffit pas pour amener un changement dans la lampe, parce que l'intensité du courant change dans les mêmes proportions dans les deux bobines. Quant à la grandeur de la résistance à laquelle l'arc doit se maintenir, la proportion des effets des deux bobines R et T est en raison de la dimension du noyau en fer. On peut le déterminer d'avance par un choix conforme à la résistance, la quantité des spires, ou le plus ou moins de plongement de la tige dans les bobines. La bobine supérieure est rendue mobile.

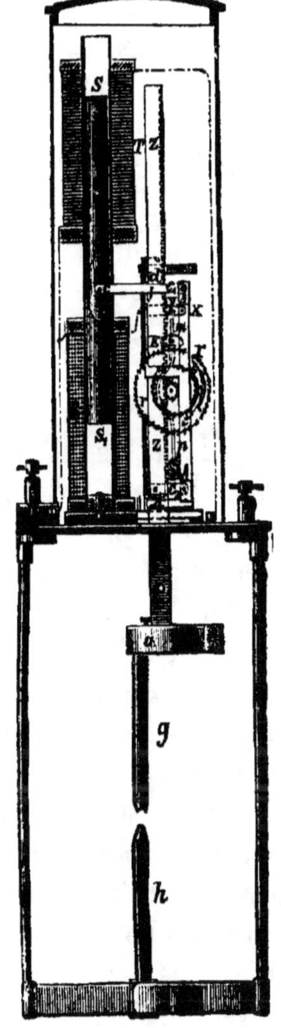

Fig. 69.

La lampe elle même (figure 69) montre que le porte-charbon aZ n'est pas fixé directement avec le levier CC$_1$ qui pivote autour de d. La tige dentée Z a son support dans la partie A qui est attachée à l'extrémité du levier C$_1$ et est soutenue par une tige articulée C$_2$ à sa partie inférieure, de telle sorte qu'elle ne peut se mouvoir que parallèlement de haut en bas, malgré les oscillations entre C et C$_1$. La tige dentée ne peut descendre que lentement à la partie A, parce qu'elle est obligée de mettre en même temps en mouvement la roue montante r et l'échappement E ainsi que le balancier p avec ses bras m dirigés vers le haut, parties qui sont toutes placées au point A et montent et descendent avec lui.

Le bras m se trouve maintenu dans une partie coudée de la pièce A au moyen d'une entaille pratiquée dans le petit levier y, qui se trouve placé également à côté de la pièce A ; de cette manière l'échappement se trouve arrêté et la tige dentée accouplée avec A.

Mais si A ainsi que le levier y s'approchent de leur position la plus basse, ce dernier est soulevé par une pointe fixée au châssis, et l'échappement ainsi que la tige dentée x abandonnent A, et par suite le glissement déjà décrit des charbons a lieu.

Chaque lampe se règle suivant l'intensité du courant; on peut donc intercaler une série de lampes dans un circuit ou dans plusieurs circuits d'une machine, soit en séries parallèles soit, sur des courants dérivés ; dans le dernier cas, on peut obtenir des foyers d'intensités diverses. Quand les charbons sont brûlés dans une lampe, elle s'éteint et le courant passe par la bobine de grande résistance; pour éviter cette perte de courant, Siemens emploie un mécanisme de contact qui produit une fermeture en court circuit.

Dans les lampes différentielles de construction ancienne, l'électrode inférieure de charbon était immobile. Actuellement le charbon inférieur est placé dans une cartouche dans laquelle se trouve un ressort en spirale qui pousse le charbon vers le haut. Le charbon est arrêté en haut par un anneau en cuivre facilement renouvelable lorsqu'il est usé, dont le diamètre intérieur est presque égal à celui du charbon. De cette manière il n'y a que la partie conique taillée en pointe qui puisse passer. La longueur de chaque charbon est de $0^m,40$ et la durée d'éclairage d'une lampe, de huit heures.

LAMPES PIETTE ET KRIZIK

On sait qu'une spirale de fil traversée par le courant s'efforce d'attirer à elle une tige de fer que l'on approche de sa position axiale. Si la tige en fer a une coupe transversale constante, la force avec laquelle elle est attirée dans la spirale est variable, suivant la position de la tige de fer par rapport à la spirale.

Cette force est à son maximum lorsqu'une extrémité de la tige atteint le milieu de la spirale, et son minimum lorsque le milieu de la tige coïncide avec le milieu de la spirale. Mais il en est autrement quand la coupe transversale de la tige n'est pas constante, et augmente au fur et à mesure que la force d'attraction exercée par le solénoïde diminue. De cette manière, on peut obtenir un glissement régulier de la tige presque jusqu'à la moitié de sa longueur. Ce qui se passe dans l'action exercée par une spirale se passe également dans celle exercée par deux.

Dans la figure 70 *a* deux spirales, S_1 et S_2 produisent leur action sur une tige de fer cylindrique A. En supposant la force du courant égale dans les deux spirales la spirale S_1 fera plus d'effet que S_2, parce que la tige, de fer a son extrémité placée dans le milieu de la spirale S_1, tandis que le milieu de la tige de fer se trouve dans le milieu de la spirale S_2. Aussi la tige fera-t-elle un mouvement vers le bas.

En *bc*, et *d* le noyau de fer a la forme d'une quille double ; en conséquence sa coupe transversale augmente ou diminue dans la même proportion que l'effet produit par les spirales diminue ou augmente. Dans les trois positions le noyau de fer se trouvera en repos, si l'on suppose une force du courant égale dans les spirales, comme dans le cas précédent. Dans le dessin *b*, par exemple, la partie inférieure de la tige se trouve au milieu de la spirale S_1, c'est-à-dire dans la position de la plus grande force d'attraction ; le milieu de la tige coïncide avec le milieu de la spirale S_2, et se

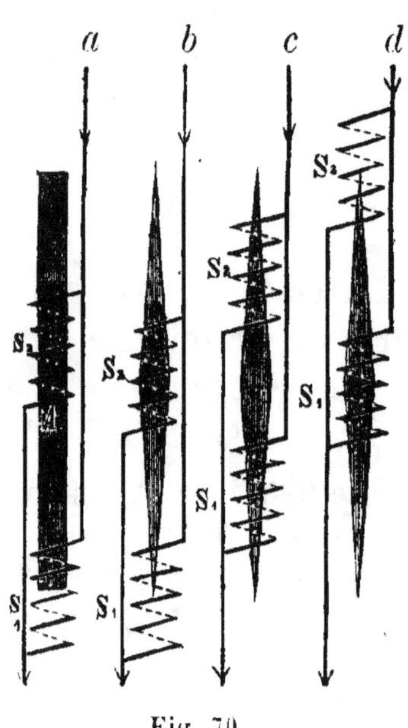

Fig. 70.

trouve par conséquent dans la position de la plus faible force d'attraction de cette spirale ; par suite la tige devrait se mouvoir de haut en bas si la coupe transversale de la tige n'était pas plus grande dans la spirale S_2 et plus petite dans la spirale S_1. Mais la différence de section égalise les forces d'attraction différentes des spirales et la tige demeure en repos. Dans le dessin *d*, les deux spirales ont changé de rôle, et dans le dessin *c* les deux spirales se trouvent dans la même position par rapport à la tige.

La tige est par conséquent en équilibre dans les trois positions.

La tige peut encore recevoir une autre forme pour répondre à ces exigences ; ici il n'y a cependant que la forme de la quille double qui ait un intérêt, puisque c'est cette forme qui a été utilisée dans la construction de la lampe ci-après décrite.

Abandonne-t-on maintenant la supposition d'un courant également fort traversant les deux bobines, la tige ne peut plus se trouver en équilibre, mais elle se trouve forcément attirée par la bobine dans laquelle passera le courant le plus fort. Cette attraction restera toujours indépendante de la position de la tige par rapport aux bobines et ne dépendra absolument que de l'effet différentiel des forces du courant. La figure 71 représente le dessin théorique d'une lampe qui a été construite sur l'application de ce principe avec un noyau de fer conique double.

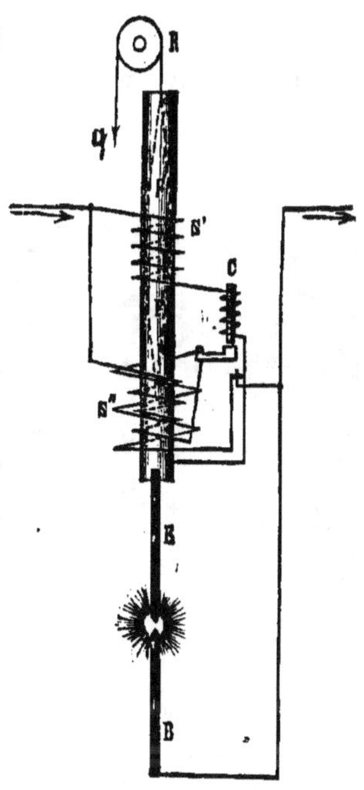

Fig. 71.

Ce dernier est représenté dans la figure par FF et se trouve guidé par un tube en laiton, à la partie inférieure duquel est fixé le charbon E. Le tout est suspendu à une corde qui passe par la poulie R et qui porte un contrepoids q qui peut être utilisé en même temps à tenir le porte-charbon inférieur B. Le solénoïde S' est intercalé dans le circuit principal, le solénoïde S″ forme un courant de dérivation de haute résistance. Au point C se trouve un interrupteur automatique qui fait passer

le courant dans un circuit de dérivation si **la lampe** vient
à s'éteindre.

Lorsque la lampe est placée dans le circuit d'une machine électrique, le courant entre, par la direction indiquée par la flèche, dans la spirale S′, passe par la disposition de décalage C dans le charbon positif, puis
retourne par le charbon négatif à la machine électrique.
Si les charbons sont l'un près de l'autre, la résistance
dans le circuit principal devient faible, par suite l'action

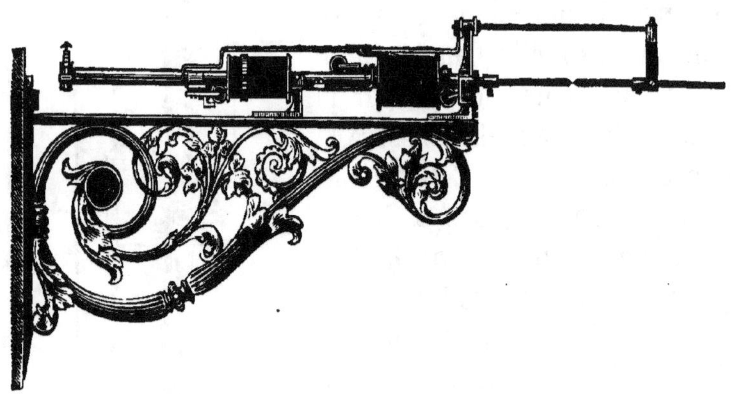

Fig. 72.

de la bobine S′ gagne en énergie et fait écarter les
charbons l'un de l'autre ; mais si, par suite de la consommation des charbons, la résistance augmente, un
courant plus fort passe par la bobine S″ de haute résistance, ce qui occasionne un rapprochement des deux
charbons. Le réglage de l'arc dans cette lampe résulte
donc également de la différence d'effet de deux solénoïdes
de résistance différente, dont l'un est placé dans un
circuit de dérivation. Dans l'emploi pratique de cette
lampe, la tige avec le charbon glisse le long de deux
poulies, tandis que la direction de la corde par laquelle
le porte-charbon inférieur se trouve relié avec le supé-

rieur, passe sur des disques qui sont fixés sur les axes des poulies ci-dessus, mais dont le rayon n'est que la moitié aussi grand que celui des poulies. Par cette rai-

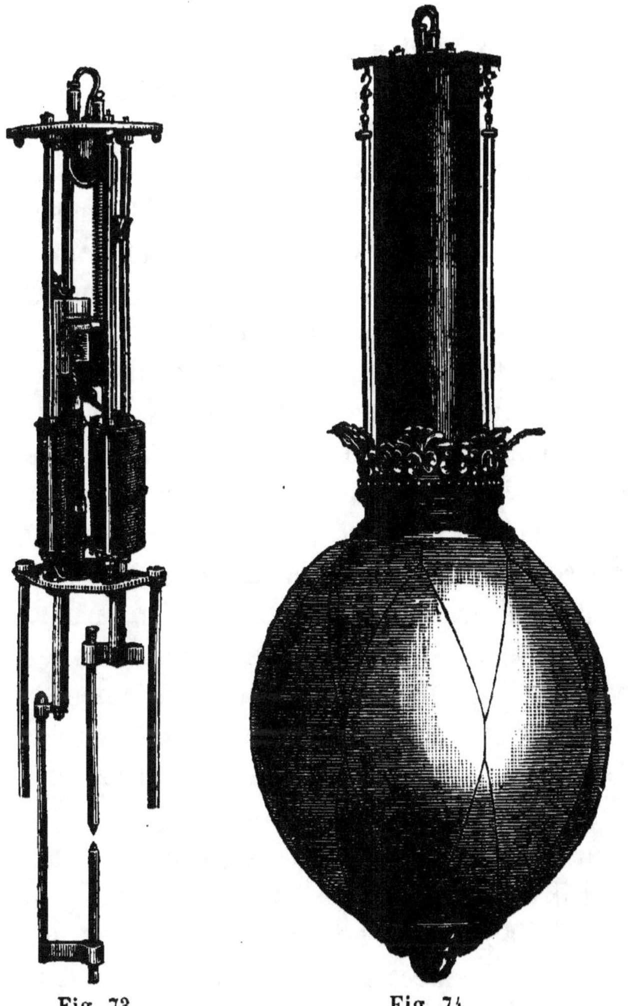

Fig. 73.   Fig. 74.

son, le charbon négatif inférieur ne parcourt que la moitié du chemin parcouru par le charbon positif supérieur, et l'arc voltaïque ne change jamais de place.

L'emploi de bobines différentielles, avec intercalation de l'une d'elles dans un circuit de dérivation, facilite l'usage de cette lampe pour une production de foyers divisés. La. lampe se distingue par une simplicité surprenante de construction et le manque de tout engrenage, déclanchement ou transmission mécanique; elle produit une lumière excessivement tranquille et douce. Le fait que l'on n'utilise jamais la gravitation pour le rétablissement ou le réglage de l'arc voltaïque et en général pour le mouvement d'une partie quelconque de la lampe, rend la lampe aussi propre à fonctionner dans la position horizontale que dans la position verticale. La figure **72** représente le modèle de la lampe qui, à l'Exposition internationale d'électricité à Paris, reçut une approbation unanime.

Dans ces derniers temps les lampes ont subi plusieurs modifications avantageuses. On a par exemple, comme l'indique la figure 73, installé les deux bobines l'une à côté de l'autre et divisé par ce moyen le noyau conique doublé en ses deux moitiés coniques. L'avantage de ce mode de construction, par rapport à celui déjà décrit, consiste, en ce que tous les contacts se trouvent dans l'intérieur de la lampe et qu'ils sont par conséquent mieux protégés contre les détériorations provenant de l'extérieur. La corde se trouve également à l'intérieur.

Schuckert, qui a entrepris la construction de la lampe de Krizik (Pilsner) pour l'Allemagne, la livre pour une durée d'éclairage de huit à dix heures et de six à huit heures. Le mécanisme régulateur de la lampe est entouré d'un cylindre en tôle et la lumière se trouve protégée et distribuée par un globe en verre (figure 74). Ce dernier est suspendu à deux tiges qui traversent de longs tubes et peut être descendu avec facilité et sûreté.

La figure 75 représente un dessin théorique de cette lampe et donne la marche du courant. $+$ P et $-$ P indiquent les bornes polaires; E_1 et E_2 les noyaux en fer divisés, H la bobine principale avec quelques spirales de fil fort, N la bobine de dérivation avec quelques spirales de fil fort et une grande quantité de spirales de fil fin; C est un aimant de contact également à double enroulement, n une résistance en fil d'argentan, et c une résistance en fil de fer; G_1 G_2 sont les rails de glissement isolés du corps de la lampe pour la marche du noyau E_2; K_1 et K_2 représentent respectivement le charbon supérieur et le charbon inférieur.

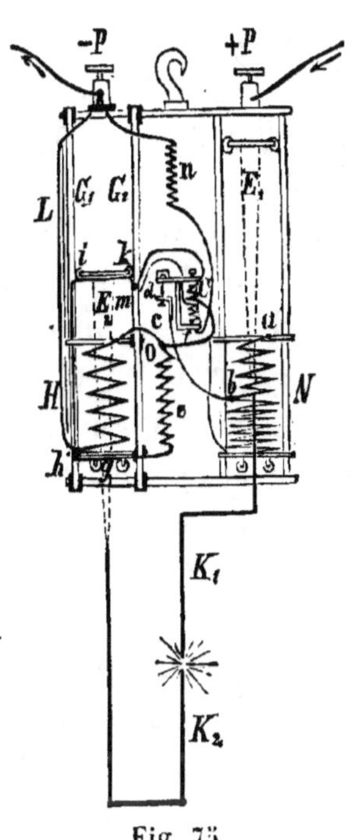

Fig. 75.

Le passage du courant, quelque peu compliqué, peut être rendu facilement compréhensible, si l'on considère la marche du courant dans les périodes isolées de l'allumage de la lampe et lorsqu'elle est hors du circuit. A cet effet, supposons d'abord que les deux charbons K_1 et K_2 ne se touchent pas et que la lampe doit être mise en fonctionnement.

1º Le courant entre par la borne $+$ P dans la lampe, passe par le corps de la lampe vers a, parcourt les spirales en fil fort de la bobine de dérivation N, s'éloigne par b, en passant par l'équerre de contact c et le contact en platine d, vers f et quitte la lampe par la résistance en argentan n et la borne isolée $-$ P. Le noyau en fer E_1 est alors attiré dans la spirale a-b de la bobine secondaire N parcouru par le courant, le charbon k s'abaisse et arrive en contact avec le charbon inférieur K_2.

2° Le courant entrant par $+$ P dans le corps de la lampe peut suivre maintenant deux chemins, soit celui qu'on vient de décrire, soit le suivant: Par le corps de la lampe dans les deux charbons K_1 K_2, de ce dernier au point h dans la glissière isolée G_1, de là par les poulies i et k vers m, par les quelques couches de fil fort de l'aimant de contact c vers o, puis dans les spirales de fil fort de la bobine principale H et enfin par le conducteur L vers la borne négative $-$ P. La partie principale du courant suivra cette dernière voie, parce qu'elle y rencontrera moins de résistance que dans celle décrite en premier lieu. La bobine principale H attire donc à son intérieur le noyau de fer E_2, éloigne par conséquent les charbons k_1 et k_2 l'un de l'autre et l'arc voltaïque prend naissance. Mais, l'aimant du contact c a également pris de l'aimantation et attiré son armature en interrompant le contact en d.

3° Le courant décrit dans le paragraphe 1, passé maintenant à l'état de courant de dérivation faible, est obligé de parcourir le chemin suivant: De $+$ P par la masse de la lampe vers a par les spirales fortes et minces de la bobine secondaire N et par les fils minces de l'aimant de contact c, d'où en sortant il se réunit de nouveau en m avec le courant principal et parcourt en compagnie de celui-ci le chemin décrit au paragraphe 2.

4° L'arc voltaïque augmente de longueur par suite de la consommation des charbons, et augmente par conséquent la résistance dans le courant principal (2). Le courant dans le circuit de dérivation (3) gagne de force et devient à la fin assez énergique pour faire attirer de nouveau le noyau de fer E_1 par la bobine en dérivation N et les charbons se rapprochent de nouveau. Par suite la marche du courant (3) se trouve rétablie et la lampe fonctionne régulièrement.

5° Il nous reste encore à examiner la marche du courant, dans le cas où les charbons seraient arrivés à leur fin.

Dans ce cas on introduit, dans la lampe, une disposition qui permet à une poulie de glissement du noyau E_2 de prendre position sur un endroit isolé (un morceau d'ivoire) de la glissière isolée, et par conséquent le courant principal est forcé de prendre le chemin suivant : De $+$ P par le corps de la lampe, les deux charbons k_1 et k_2 vers g, par la résistance en fer e vers o, puis par la bobine H et le conducteur L jusqu'à $-$ P, le courant de dérivation sort de a, traverse les fils forts ab de la bobine N, passe par c et d pour se rendre à f et suit la résistance en argentan n jusqu'à la borne négative ; il peut traverser le contact $c\,d$, puisque celui-ci est de nouveau fermé par suite de la rupture du courant dans l'aimant de contact c.

RÉGULATEUR SCHWERD-SCHARNWEBER

L'arc voltaïque est réglé directement dans cette lampe par l'attraction du solénoïde. Toutefois l'avancement des charbons se fait indépendamment du mouvement du solénoïde, il est simplement dirigé par ce mouvement par périodes déterminées et mis de même au repos.

La figure 76 montre une vue intérieure de la lampe ; s_1 est une bobine en laiton entourée de quelques spirales d'un fil fort et s_2 une bobine semblable entourée d'un grand nombre de spirales d'un fil fin. Le tube de la double bobine est rempli de glycérine, dans laquelle plonge le noyau en fer accroché au levier h_1. Ce levier mobile autour de l'arc c, porte de l'autre côté une tige t métallique isolée, qui, au moyen d'une rainure pratiquée dans la tige de raccordement T, se rend à la partie inférieure de la lampe où elle est en communication avec le levier mobile h_2 autour de l'arc c_2.

Par suite de la consommation des charbons, le noyau en fer est attiré dans la bobine inférieure S_2, la tige t monte en haut avec le charbon inférieur et l'arc atteint la longueur convenable. Dès que la tige t est montée d'une quantité déterminée, elle déclanche l'engrenage lié à la tige dentée z ; la tige dentée avec le charbon supérieur descend et par suite S_1 regagne la prépondérance par la division du courant résultant de la disposition différentielle que nous connaissons, attire vers le haut le noyau de fer, dont le mouvement, au moyen de la tige t se communique au charbon inférieur de manière que ce dernier monte à mesure que le charbon supérieur descend ; arrivée à une certaine position, la tige t arrête de nouveau le mécanisme. Celui-ci se compose du simple serrage d'une ancre mise en communication avec la roue motrice, et qui agit d'une manière identique à un mouvement de montre. On a adapté à la tige dentée, un contact qui met les lampes hors du circuit, dès que les charbons sont brûlés à une certaine longueur.

Fig. 76.

LAMPE GÜLCHER

La lampe Gülcher est destinée à produire des foyers divisés, et disposée à cet effet, bien qu'elle ne possède ni circuit de dérivation ni bobines différentielles. Ce résultat a été atteint simplement par la construction des lampes et leur disposition en dérivation. Pour expliquer sa construction et son fonctionnement, nous suivrons le dessin de la lampe à pied représentée par les figures 77 *a* et 77 *b*. Le charbon supérieur positif est supporté par une tige en fer F dirigée au moyen de poulies guides, celle-ci est reliée avec le porte-charbon négatif inférieur au moyen de poulies et d'une corde de telle sorte qu'elle est toujours forcée de parcourir le double du chemin que parcourt le porte-charbon inférieur. A cet effet deux poulies sont fixées sur un axe dont le diamètre se comporte comme $1 : 2$, la corde, à laquelle est suspendu le porte-charbon supérieur positif, passe dans la plus grande poulie et la corde à laquelle est suspendu le porte-charbon inférieur négatif, passe dans la plus petite poulie. D est un électro-aimant mobile autour de *c*, K un ressort qui presse contre le châssis de l'électro-aimant et tend à le pousser contre le buttoir L. Une vis adaptée au-dessous sert à régler la tension du ressort. H est une masse de fer doux. I un morceau de fer forgé fixé au ressort E. L'électro-aimant a aussi bien en I que sur le côté opposé des pôles en forme de demi-cercles. En I le sabot saisit encore en outre une partie du côté inférieur de l'aimant.

Marche du courant et fonctionnement de la lampe. — La borne A se trouve reliée avec le pôle positif de la

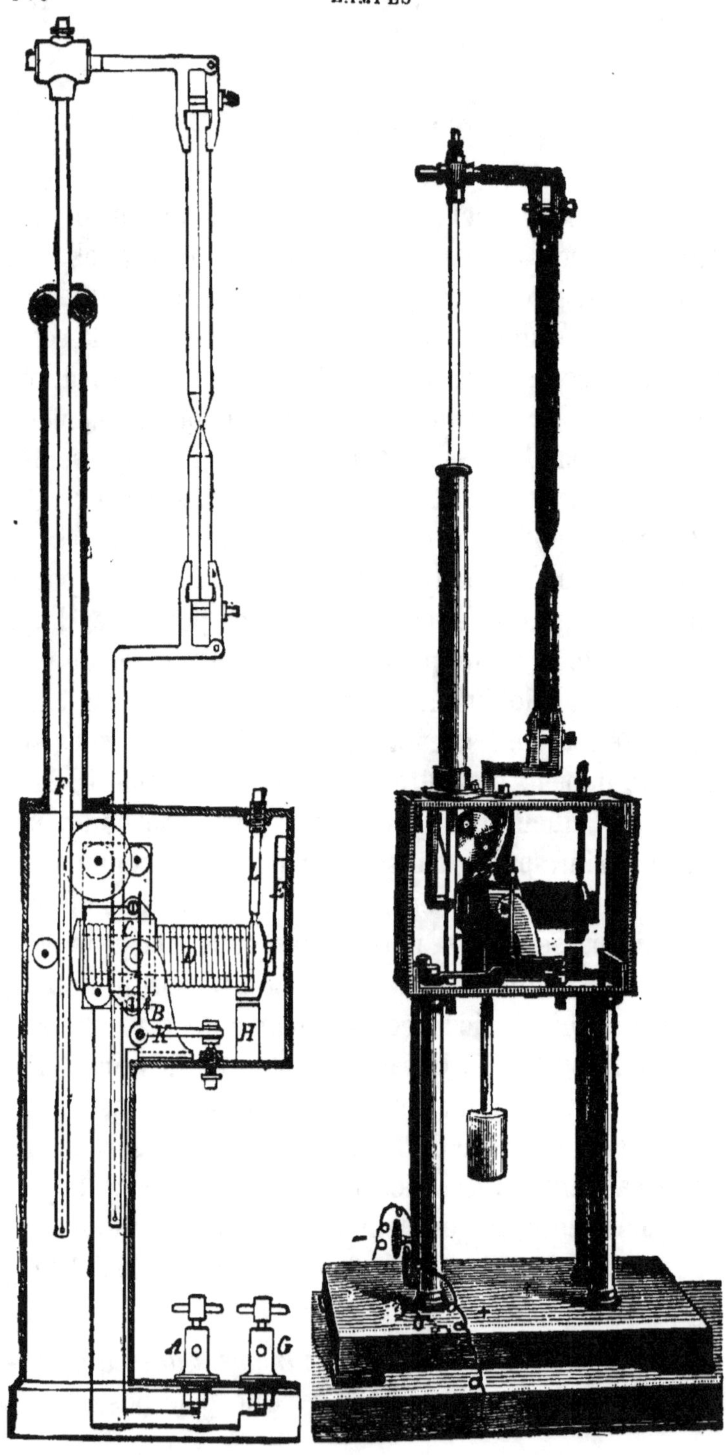

Fig. 77 a.

Fig. 78 b.

source d'électricité et le courant parvient d'ici, par le
pied B et l'anneau en métal C, dans les spirales de l'é-
lectro-aimant, de là, par le noyau en fer, il entre en partie directement par le support en fer F et en partie par
la pièce de fer doux I et le ressort E dans le bâti métallique de la lampe et de là par les poulies-guide dans
le porte-charbon supérieur F, ensuite par les deux
charbons dans le porte-charbon inférieur et par la
poulie-guide et un fil conducteur jusqu'à la borne G qui
est en communication avec le pôle négatif de la source
d'électricité. Dès que le circuit est fermé, l'électro-aimant D attire fortement le porte-charbon en fer F, mais
il est en même temps attiré par la pièce en fer doux H;
il en résulte que l'aimant pivote autour de C de telle
manière, que le porte-charbon supérieur F est poussé
vers le haut et par suite de sa relation avec le porte-
charbon inférieur, celui-ci est poussé vers le bas, c'est-
à-dire que les pointes des charbons s'écartent l'une de
l'autre. De cette manière l'arc voltaïque se produit. Les
charbons venant à se consommer, le courant devient
plus faible par suite de la résistance qui va en augmentant, l'aimant perd en force et est par conséquent
de moins en moins attiré par H. Le poids du porte-
charbon supérieur l'emporte sur l'attraction en H, et
l'aimant se trouve du côté opposé à sa direction primitive, jusqu'à ce qu'il rencontre le buttoir. Cela provoque un rapprochement entre les charbons ; par suite
d'une consommation plus grande des charbons le courant
et avec lui l'aimant déjà indiqué deviennent si faibles,
que celui-ci ne peut plus attirer le porte charbon F,
qui alors, peut de nouveau descendre en vertu de son
propre poids. Il descendra, jusqu'à ce que le courant et
en même temps l'aimant aient, par suite de la diminution de l'arc voltaïque, repris leur force primitive.

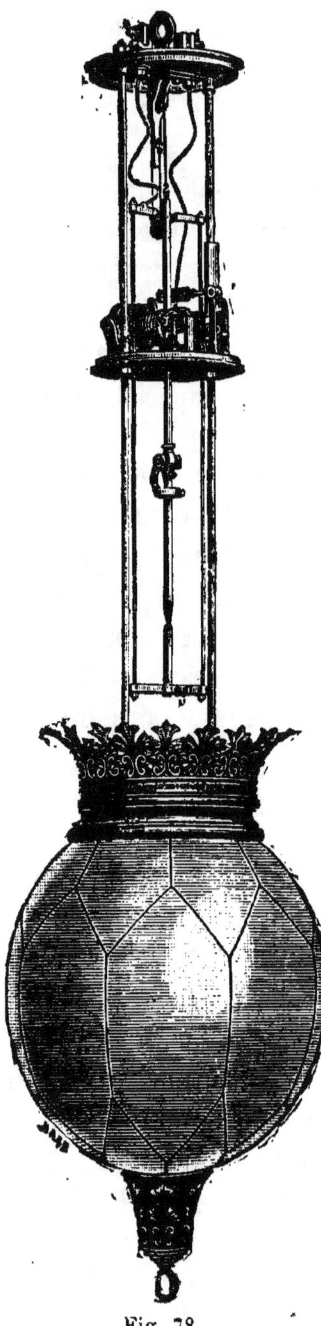

Fig. 78.

Ce réglage ne se produit point par saccades, mais d'une manière continue, et suivant la consommation des charbons. Pour que les oscillations de l'électro-aimant ne soient pas trop violentes au moment de l'allumage ou de certains réglages extraordinaires de l'arc, le pôle de l'électro-aimant, opposé au porte-charbon F, est muni d'un frein magnétique J. Il est clair que le morceau de fer doux serre d'autant plus fortement que l'aimant est plus puissant, puisque sa force se règle sur celle de l'aimant et qu'il force ainsi celui-ci à suivre une marche tranquille. Pour obtenir un mouvement uniforme le porte-charbon et la ferrure du pôle, y attenant, sont enfermés dans une enveloppe de laiton.

Dans l'emploi de la lampe qui vient d'être décrite à l'éclairage de salons, etc., Gülcher l'a disposé de telle sorte que tout le mécanisme se trouve placé au-dessus des charbons, comme le montre la figure 78.

La lampe fonctionne très

bien et il ne se produit pas de tremblements dans la
lumière. Celle-ci est presque blanche et dépouillée de
la coloration violette, qui se produit souvent lorsqu'on
emploie des courants de faible tension. Sa construction
permet de placer une assez grande quantité de lampes
dans un circuit. La manière remarquable dont les lampes
se règlent l'une par rapport à l'autre, est traitée dans le
le volume de cette bibliothèque, intitulé : *Installations
d'Éclairage électrique.*

LAMPE DE BROCKIE

Dans cette lampe le réglage de l'arc voltaïque se fait
d'une manière toute particulière. L'arc voltaïque n'est
pas réglé conformément à l'intensité du courant, mais
les charbons sans se préoccuper de leur consommation,
se rapprochent jusqu'à se toucher par pauses régulières
et se séparent de même jusqu'à la distance primitive.
Le réglage proprement dit consiste donc dans une série
régulière d'allumages successifs. La lampe ne peut
donc donner une lumière tranquille, mais une lumière
vacillante, à laquelle on peut, peut-être, s'habituer.

La construction de cette lampe est très simple. Le
charbon inférieur B (fig. 79), est fixé au châssis de la
lampe, le charbon supérieur A peut tomber librement
jusqu'au contact avec B, tant que l'armature a, en
forme d'anneau de serrage de l'électro-aimant m, n'est
pas attirée par ce dernier, p_1 et p_2 sont les bornes polaires des lampes. Le courant entre par p_1, parcourt les
deux charbons, passe par le corps de la lampe et ressort
par la borne p_2. Un courant de dérivation suit l'électro-aimant m et passe par la borne P_1 dans le commutateur. Cette borne est en communication avec une roue
dentée, qui est mise en rotation par une courroie v et

un pignon. Aussi longtemps que le loquet b glisse sur le disque l, qui est fixé sur la roue dentée, le courant est fermé de P_1 à la roue dentée, au disque l du loquet b et de la borne P_2 qui est en communication avec cette dernière. Mais dès que la pointe s fait descendre le loquet du disque, le courant est interrompu.

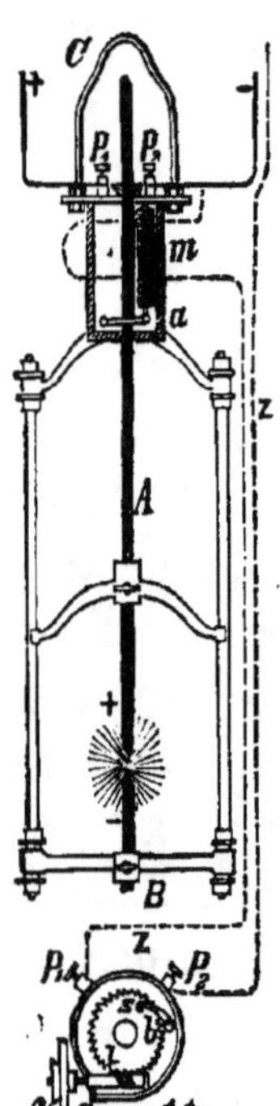

Fig. 79.

Le nombre des interruptions dans un temps déterminé dépend naturellement de la vitesse de la rotation. Le fonctionnement de la lampe est par conséquent le suivant : quand le courant entre dans la lampe, il trouve d'abord les deux charbons A et B en contact, mais ils sont aussitôt séparés l'un de l'autre parce que l'électro-aimant m, par suite d'une partie du courant qui le traverse, attire l'armature a, saisit le charbon A et l'élève légèrement. L'arc voltaïque prend alors naissance. Dans un temps déterminé la pointe s parvient par suite de la rotation de la roue dentée au loquet b, le fait sortir du disque l et interrompt, par conséquent, le courant de dérivation, l'électro-aimant m laisse tomber son armature, et le charbon A s'abaisse jusqu'au contact avec le charbon B. Pendant ce temps la pointe S a de nouveau rendu libre le loquet, le courant de dérivation par le commutateur et l'aimant se trouve encore une fois rétabli et le charbon A est de nouveau soulevé jusqu'à la hauteur primitive.

Il est facile de comprendre comment un commutateur peut suffire à plusieurs lampes, et comme on peut le voir par le dessin, ce commutateur peut être installé à une distance quelconque de la lampe. La manière de raccorder plusieurs lampes avec le commutateur et la machine électrique est indiquée au chapitre qui traite des *Systèmes et Conducteurs spéciaux*, du volume de cette bibliothèque, intitulé *Installations d'Éclairage électrique*.

4. — *Bougies électriques*

De même que dans les régulateurs, la lumière des bougies électriques est également produite par l'arc voltaïque; tandis que pour le fonctionnement des premiers, l'emploi d'un mécanisme, même le plus simple, est indispensable pour maintenir la longueur de l'arc voltaïque, les charbons des bougies ne changent pas ou pour ainsi dire presque pas de position pendant toute la durée de l'allumage, et leur mouvement consiste dans un simple avancement des charbons, produit par leur usure et non par l'intensité du courant. Par suite de cette particularité, les bougies, une fois adaptées pour une intensité de courant déterminé, ne peuvent plus continuer à brûler, si le courant vient à faiblir pendant quelque temps. Les régulateurs doivent aussi sans doute, pour bien fonctionner, être également disposés pour une force de courant déterminée, mais ils supportent dans de plus fortes limites que les bougies des variations de courants. Ces limites sont surtout très restreintes si dans les bougies, on emploie l'air comme moyen pour isoler les charbons entr'eux.

Le premier qui a construit une bougie électrique, est le physicien William Edwards Staite en l'année 1846. Une de ses dispositions consistait à faire brûler deux charbons butant à angle aigu contre une colonne d'une matière pouvant résister à l'action d'une haute température et non conductrice de l'électricité. Les charbons étaient dirigés dans des tubes et continuellement pressés contre la colonne au moyen de ressorts à spirales. Comme les charbons restaient toujours inclinés l'un vers l'autre sous le même angle, et se présentaient toujours à la même hauteur sur la colonne isolante, il fallait naturellement bien que l'éloignement des pointes de charbons l'une de l'autre, et par suite la longueur de l'arc voltaïque, demeurassent toujours également semblables. Pour disposer les charbons pour des longueurs d'arc ou des intensités de courants différents, Staite opérait au moyen d'une vis le déplacement de l'un des porte-charbons.

La bougie de Staite avec des charbons disposés en forme de V, constitue le type des bougies Gérard, Lescuyer, Hedges, Rapieff, lampe Soleil, etc.

En 1874, Werdermann reprit à nouveau l'idée de Staite, non pas pour la construction d'une bougie électrique, mais pour en faire un perforateur de roches; ce perforateur a été construit sur le principe dont se sont servi plus tard des constructeurs pour la production de la lumière. Werdermann produisait l'arc voltaïque entre deux crayons de charbon parallèles et séparés l'un de l'autre par une couche d'air mince, et amenait au contact de la flamme, au moyen d'un tube placé à côté, un courant d'air ou de vapeur. L'effet produit était une espèce de flamme de chalumeau d'une si haute température, que le granit le plus dur était fondu en quelques secondes.

La disposition parallèle des crayons de charbon pour la production de l'arc voltaïque a été employée plus tard par Jablochkoff, Wilde, Jamin, Siemens, Debrun, Solignac, Andrew, etc., pour la construction de leurs bougies.

Werdermann a également employé, dans une construction décrite dans son brevet, un électro-aimant à la place du chalumeau, dont l'effet produit sur l'arc voltaïque était le même que celui du chalumeau; le même principe a été utilisé dans la disposition de la bougie Jamin.

Mais la première bougie employée pratiquement a été inventée par un officier russe, nommé Jablochkoff, en 1876. Déjà à cette époque on avait remarqué son importance par rapport à la division de la lumière électrique.

En 1878 suivirent les bougies Jamin et Wilde, ensuite celles de Rapieff, Gérard, etc.

BOUGIES JABLOCHKOFF

La bougie est formée de deux petits crayons de charbon, $a\,b$ (fig. 80), disposés parallèlement et isolés l'un de l'autre par une couche de plâtre de Paris. Les extrémités inférieures de ces charbons sont enfoncées dans de petits tubes en laiton contre lesquels font ressort les deux griffes métalliques e et g. C'est par là que le courant passe dans la bougie qui est fixée sur une plaque h légèrement transparente. Pour pouvoir allumer la bougie, on dispose à son extrémité supérieure une petite plaquette de graphite posée en travers des deux pointes de charbon et maintenue dans cette position par une bande de papier d collée par-dessus.

En plaçant la bougie dans le circuit, le courant passe par un des charbons, traverse la petite plaquette pour atteindre le deuxième charbon et retourner à la source du courant; dans son passage il porte la petite plaquette de graphite à l'incandescence. L'arc voltaïque se forme alors entre les deux charbons et sa chaleur amène la fusion et l'évaporation de la couche qui les sépare.

Cette matière disparaît au fur et à mesure que les charbons brûlent. Mais comme le charbon positif se consomme presque deux fois plus vite que le négatif,

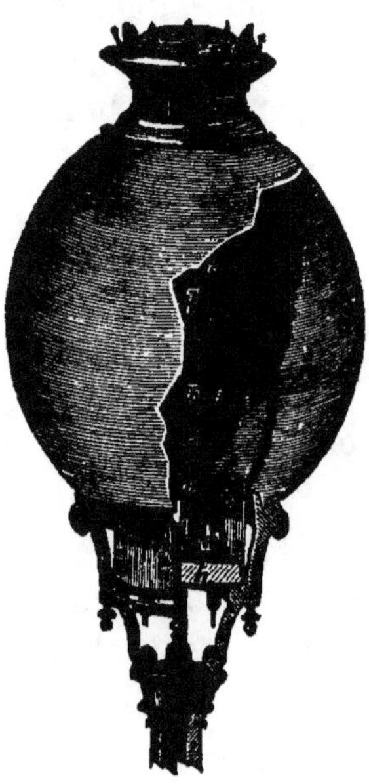

Fig. 80.

il faut que le premier soit d'un diamètre double au dernier. Ce rapport n'est cependant pas exact et les bougies brûlent par suite d'une façon irrégulière ; aussi a-t-on dû recourir aux courants alternatifs, au moyen desquels les deux charbons se consomment en pointe et également vite.

Carré qui avait entrepris la fabrication des crayons de charbon, leur a donné une longueur de 220-225 mm. sur un diamètre de 4 mm. Cette bougie brûle environ une heure et demie et développe une intensité lumineuse égale à 100 becs carcel.

Plusieurs bougies peuvent être placées en série dans un circuit, et la somme des intensités lumineuses de toutes les bougies est plus grande que l'intensité qui résulterait d'une seule bougie intercalée dans le même courant. Cela vient de ce que la lumière provient non seulement de l'arc voltaïque qui jaillit entre les deux charbons, mais encore de la combustion de la couche de plâtre qui vient aussi contribuer à accroître l'intensité de la lumière. Une bougie ne pouvant fournir qu'un éclairage de courte durée, on en dispose toujours plusieurs (deux à cinq) dans une lampe. La manière dont se fait le remplacement d'une bougie brûlée par une neuve dans le circuit, est indiquée dans le volume : *Installations d'Éclairage électrique*, qui paraîtra prochainement. Les bougies donnent une lumière qui n'est pas fixe et qui passe par des colorations rougeâtres ou violettes.

Malgré les essais de toute espèce qui ont été faits, pour empêcher une bougie de s'éteindre ou pour obtenir le rallumage automatique des bougies, on n'a pu jusqu'à ce jour obtenir de résultats satisfaisants.

Dans la bougie de Wilde cet inconvénient se trouve évité. Wilde dispose également deux crayons de charbon parallèles ; il ne les réunit pas par une couche intermédiaire solide, isolante, mais il laisse entre les deux tiges de charbon une couche d'air d'environ 3 mm. de largeur. L'un des crayons de charbon est fixé solidement à sa base, le deuxième est disposé sur une pièce mobile fixée à angle droit, de telle sorte qu'avant l'allumage de la bougie, ce dernier charbon se trouve poussé contre le charbon fixe, mais dès qu'un courant passe par la bougie, le charbon mobile se trouve séparé de l'autre au moyen d'un électro-aimant et placé parallèlement à son côté. Cette bougie a l'avantage sur celle de Jablochkoff, de n'avoir pas besoin de mèche pour la formation de l'arc voltaïque ; si elle vient à s'éteindre, elle se rallume de nouveau d'elle-même. Dès que la bougie s'éteint, le courant dans l'électro-aimant se trouve par suite interrompu, et le charbon mobile est pressé de nouveau contre le charbon fixe ; par suite le courant se forme et l'aimant place encore une fois les deux charbons parallèlement et allume l'arc voltaïque. Ces bougies peuvent également être em-

ployées à produire des arcs vers le bas ce qui peut,
pour éviter des ombres, avoir de l'intérêt. Elles sont
plus longues que celles de Jablochhoff et possèdent
par conséquent une plus grande durée d'éclairage. On
peut ainsi que pour les autres, disposer plusieurs
bougies dans une lampe.

La lumière des bougies n'est pas très tranquille,
elle vacille fortement, surtout si les charbons ne sont
pas fabriqués avec grand soin et une matière homogène.

Comme le courant, dans son passage d'un charbon à
l'autre cherche à se frayer un chemin par les endroits
où il rencontre le moins de résistance, il peut se faire,
qu'avec des charbons de matière inégale, il se produise un va-et-vient de l'arc voltaïque entre les charbons.

BOUGIE JAMIN

Jamin emploie également deux crayons de charbon
placés parallèlement l'un à côté de l'autre sans couche
intermédiaire spéciale isolante, mais il cherche, ainsi
qu'il a déjà été dit dans la Préface historique, à attirer
continuellement l'arc voltaïque vers les deux pointes
des crayons de charbon. Cet effet se produit par un
emploi ingénieux de la loi d'Ampère. Sans nous y
arrêter plus longtemps, nous ferons seulement remarquer que l'arc voltaïque se comporte vis-à-vis d'un
aimant de la même manière, que le ferait un léger fil
mobile parcouru par un courant électrique. Si donc on
place au-dessous de l'arc, qui brûle entre les charbons,
un aimant, et si on fait prendre au courant une direction correspondante entre les charbons, on peut parve-

nir à porter l'arc voltaïque sur un endroit déterminé,
par exemple, sur les deux pointes de charbon, et à l'y
maintenir fixe. En place de l'aimant on peut naturelle-

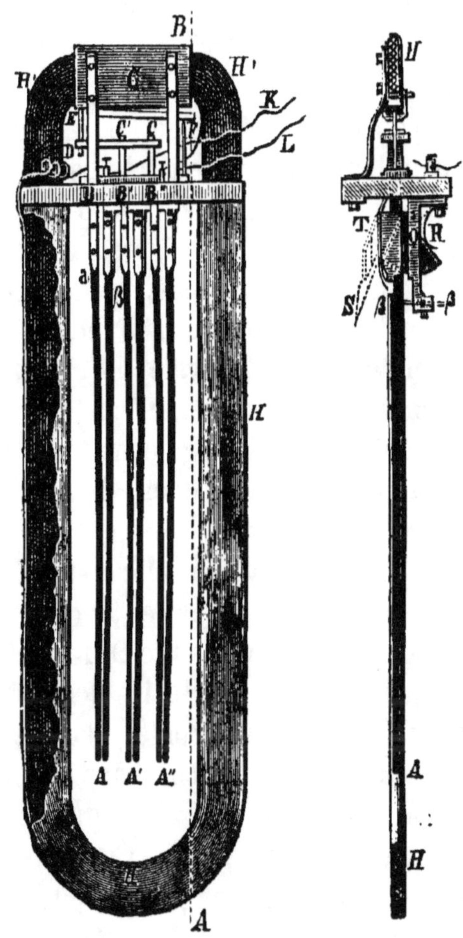

Fig. 81.

ment employer une spirale de fil traversée par un courant dans une direction déterminée.

Jamin utilisa ces données pour la construction de sa
bougie de la manière suivante. Une plaque en ardoise
porte vers le bas une enveloppe en cuivre HH (fig. 81)

aplatie pour éviter la formation de l'ombre, et qui se
termine en haut par une enveloppe G en fer doux. En
face d'elle se trouve une plaque en fer EF, reliée au
moyen du levier ED avec la traverse CC' ; à cette dernière sont suspendus les charbons de gauche B,B',B″
qui sont mobiles avec cette traverse sur la surface plane
de HH. Les charbons du côté droit A,A',A″ sont fixés
dans des supports en cuivre en forme de tubes, et
maintenus dans leur position verticale par un ressort R.
Au moyen du plateau EF, les charbons de gauche sont
pressés contre ceux de droite et restent avec eux en
contact ou, pour dire plus juste, ce ne sont que les
deux charbons les plus longs qui se mettent en contact
par leurs pointes. Dans l'enveloppe en cuivre HH se
trouvent quinze à vingt spirales isolées les unes des
autres, qui sont traversées également par le courant
pendant l'allumage et maintiennent l'arc à la pointe des
bougies.

Quand le courant a traversé cette « spirale de direction » HH, il entre dans la paire de charbons, dont
les pointes se touchent, par suite G devient aimanté,
attire la plaquette EF et écarte les deux crayons de
charbon. Deux paires restent froides, dans la troisième
c'est-à-dire dans celle où les charbons étaient auparavant en contact, apparaît l'arc voltaïque. Il reste sur
cette paire aussi longtemps qu'il y a du charbon, et
est maintenu continuellement par la spirale de direction contre la pointe de charbon. Si le courant est interrompu par une cause quelconque, le plateau EF
abandonne G et rétablit de nouveau le contact entre
les charbons les plus longs, qui commencent à brûler
de la même manière que la paire précédente. Par le
fait de l'emploi de plusieurs paires de charbon dans
une lampe, celle-ci ne peut jamais s'éteindre entière-

ment, mais la paire de charbons une fois éteinte ne peut plus se rallumer.

Lorsqu'une bougie est consommée, une deuxième entre automatiquement dans le circuit ; à la fin, le porte-charbon du côté droit, qui est resté jusqu'ici immobile, et qui porte une articulation à son extrémité supérieure ne peut pas, il est vrai, tourner dans la surface plane HH, mais bien perpendiculairement à la surface plane HH. Il reçoit à cet effet son impulsion par la pression du ressort R, sans pouvoir toutefois y céder, parce qu'un fil en zinc BB s'appuie d'un côté contre le charbon et de l'autre contre le porte-charbon O. Mais si la consommation de la bougie avance jusqu'à ce point, le fil de zinc se fond, le ressort R produit son effet et les deux charbons s'écartent tellement l'un de l'autre, que l'arc voltaïque s'éteint dans cette bougie pour se former aussitôt dans une autre.

Pour alimenter la bougie Jamin, il faut naturellement faire usage de courants alternatifs. Cette bougie n'a pas reçu d'usage pratique étendu.

La disposition parallèle des charbons pour la construction de bougies électriques, a été encore utilisée par Siemens et Halske, Debrun, Solignac et Andrew. Nous n'en donnerons point ici la description, aucune n'ayant encore reçu la sanction de la pratique.

5. — *Lampes avec des charbons inclinés l'un vers l'autre.*

LAMPE RAPIEFF

Sur un plateau s'élèvent deux colonnes s et s' (fig. 82), qui portent chacune un porte-charbon d et d'.

Dans chaque porte-charbon se trouvent deux charbons *aa'* et *bb'*, qui sont inclinés l'un vers l'autre et forment un angle aigu. Ils sont mainte-nus dans cette position par des poulies de conduite en cuivre. Les surfaces planes des deux angles formés par les crayons de charbon sont perpendiculaires l'une sur l'autre. Les extrémités des charbons éloignés du sommet de l'angle, sont pourvues de lourdes enchassures d'où partent des ficelles, qui glissent dans les poulies de conduite, et qui portent un contrepoids W. Le porte-charbon *d* et la colonne *s'*, sont isolés des autres parties de la lampe; le porte-charbon *d* est mobile autour d'une articulation *g*, pendant que *d* est fixe. Une vis *h* sert à élever ou à descendre l'arc voltaïque. Si on examine de plus près une paire de charbons, par exemple, celle du haut, on remarque que les deux crayons de charbon sont forcés, par suite de leur poids et du contrepoids W de descendre, jusqu'à ce que la rencontre de leurs pointes empêche un plus grand mouvement de recul.

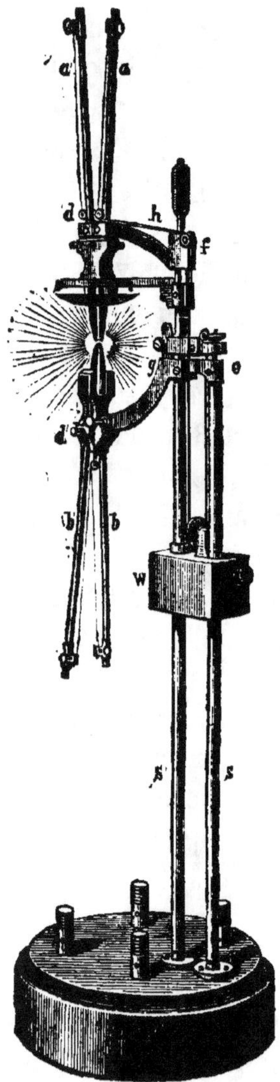

Fig. 82.

Lorsque les charbons se consomment, ils descendent au fur et à mesure de la consommation, mais ils sont forcés de se rencontrer toujours au même point parce que leur inclinaison réciproque reste invariable par suite de la direction des poulies dans lesquelles ils glissent. La paire inférieure se comporte de la même manière. La distance entre les deux pointes des paires de charbon reste donc également toujours la même, c'est-à-dire que la longueur de l'arc demeure invariable, bien que chaque paire de charbons soit indépendante de l'autre. L'une des paires peut brûler plus vite que l'autre, les charbons avancent néanmoins de telle sorte qu'il y en a toujours deux qui se rencontrent pour former une pointe. Cette disposition possède sur les bougies dont nous avons jusqu'à présent parlé, l'avantage de pouvoir être utilisée avec des courants continus.

Lorsque la lampe se trouve placée dans un circuit, le courant passe d'abord par un électro-aimant adapté dans le socle de la lampe, qui par l'attraction de son armature attire une tige qui passe par le tube S, et attire vers le bas le porte-charbon d', de sorte qu'il éloigne l'une de l'autre les paires de charbons qui se trouvaient précédemment en contact et forme l'arc voltaïque. Nous avons décrit plus haut la progression des charbons pendant la marche. Si la lampe s'éteint par suite d'une circonstance quelconque, l'électro-aimant devient sans courant et les paires de charbons se remettent de nouveau en contact sous l'influence du poids W, et préparent à nouveau l'allumage.

Les diamètres des charbons comportent environ 8mm; leur longueur va jusqu'à 50 centimètres, on peut placer dans un circuit autant de lampes que le permet la tension du courant dont on dispose.

LAMPE GÉRARD

Gérard emploie également pour la construction de sa lampe deux paires de charbons, mais les quatre crayons sont placés de manière à former les côtés d'une pyramide quadrangulaire (figure 83). Les charbons sont conduits par des tubes, et reçoivent le courant par des poulies de contact établies tout près des pointes. L'une des paires de charbon, dans la figure celle du côté gauche, est fixée solidement au plateau quadrangulaire, l'autre, celle de droite, peut pivoter autour d'une articulation. Un ressort en spirale fixé horizontalement au-dessous de l'anneau de suspension de la lampe, éloigne cette articulation de la paire de charbons premièrement désignée. La tension de ce ressort est réglée par une vis placée, dans le dessin, au-dessous du ressort sur le côté gauche. La vis de droite sert au rapprochement des couples de charbon l'un vers l'autre. Au-dessous du plateau se trouve un électro-aimant, dont l'armature est fixée aux tubes de conduite du couple de charbons mobiles du côté droit. Ses spirales sont placées dans un circuit de dérivation. Sous cet aimant est établi un deuxième électro-aimant qui est placé dans le courant principal et dont les noyaux en fer sont coudés et dirigés vers l'arc voltaïque. Ils ont pour but de chasser ce dernier continuellement vers les pointes.

Aussi longtemps que la lampe est sans courant, les deux couples de charbon sont par l'action du ressort à spirale séparés l'un de l'autre. Lorsqu'elle est intercalée dans un circuit le courant passe d'abord par le circuit de dérivation dans lequel se trouve l'aimant supérieur horizontal ; celui-ci attire son armature fixée aux tubes de conduite du couple de charbons du côté droit, et

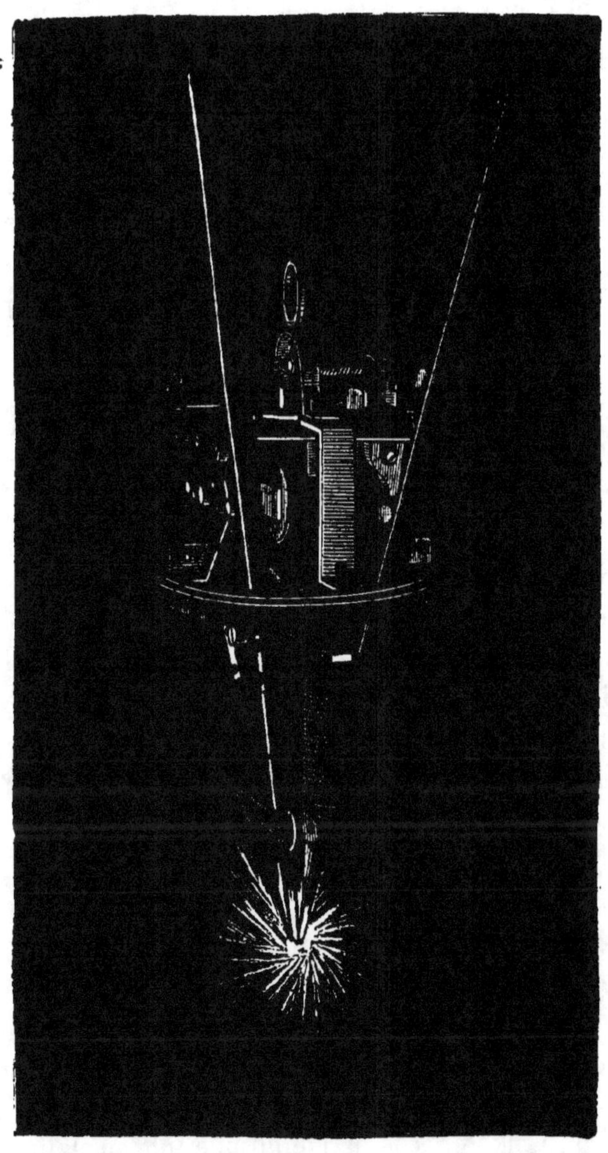

Fig. 83.

fait mouvoir ce couple de telle manière que les pointes

arrivent en contact avec les pointes du deuxième couple de charbons. Le courant passe maintenant par les charbons et l'électro-aimant inférieur, pendant que l'électro-aimant supérieur, placé dans le circuit de dérivation, devient presque sans courant et laisse retomber son armature. Par suite l'effet du ressort en spirale se produit, l'arc voltaïque prend naissance et est maintenu continuellement à la pointe des charbons par les noyaux en fer de l'électro-aimant inférieur. A mesure que les charbons se consomment ils descendent, mais toujours seulement jusqu'au contact des deux charbons qui sont ensemble, d'où l'arc voltaïque, par suite de la direction des charbons placés en face l'un de l'autre, et qui reste toujours la même, conserve toujours la même longueur.

Si le courant était momentanément interrompu par suite de quelque circonstance, la lampe se rallumerait de nouveau d'elle-même ainsi qu'il est facile de le voir par sa construction. Pour actionner la lampe on peut employer des courants alternatifs ou des courants continus, mais dans ce dernier cas il faut que pour le couple de charbon, qui doit former le pôle positif, on emploie des charbons d'une longueur double à celle de l'autre couple. Les charbons peuvent être très longs et la lampe peut brûler jusqu'à douze heures de suite.

Pareille à la lampe Gérard est celle construite par Hedges. Hedges n'emploie cependant une paire de crayons de charbons que pour l'électrode positive, et un seul crayon pour l'électrode négative. Pour assurer la marche en avant de celui-ci jusqu'à un point déterminé on a fixé près de sa pointe une tige en platine qui s'avance de telle sorte qu'il n'y a jamais que l'extrémité pointue du charbon qui peut dépasser la pointe de platine.

Un ressort en spirale tient le couple de charbons positif en contact avec le charbon négatif aussi longtemps qu'aucun courant ne traverse la lampe ; un électro-aimant éloigne les charbons les uns des autres, forme et maintient en conséquence l'arc voltaïque dès que la lampe est introduite dans un circuit.

LAMPE SOLEIL

Dans les derniers temps Clerc a repris la disposition indiquée par Staite pour sa bougie électrique en la modifiant de telle sorte qu'elle paraît avoir quelque succès. Deux charbons A et B (figure 84) sont introduits dans un creux pratiqué dans un bloc de pierre (on se servait de marbre à l'origine) et s'abaissent avec leurs pointes jusqu'au bas du creux de ce bloc. Le bloc de pierre est supporté par un châssis, avec lequel il est fixé au moyen de vis. Dans l'intérieur du châssis les charbons sont conduits par des fils de cuivre DD qui servent en même temps de conducteurs du courant ; les fils conducteurs LL servent à intercaler la lampe dans un circuit. L'allumage de la lampe se fait au moyen d'un petit charbon, comme dans la bougie Jablochkoff. Le courant entre par un des charbons, passe par la pièce R et quitte la lampe par le deuxième charbon. R devient incandescent, se consume et l'arc voltaïque est formé entre les deux pointes de charbon. En même temps, la partie du bloc en marbre qui se trouve entre les deux pointes s'échauffe et renforce l'arc voltaïque par son incandescence. Au fur et à mesure que les charbons se consomment ils s'abaissent en raison de leur propre poids.

On a récemment construit le bloc de pierre en le composant de plusieurs pierres. Les deux morceaux KK sont faits avec de la craie, la base DE est en granit et M est un bloc de marbre blanc. Toutes ces parties sont maintenues ensemble par un châssis et par des vis. La composition du bloc par parties, a l'avantage de pouvoir facilement remplacer le morceau de marbre qui prend également part à la production de la lumière, et qui par conséquent est brûlé après un certain temps, sans que pour cela les autres parties deviennent impropres à servir.

La lampe peut être actionnée aussi bien par des courants alternatifs que par des courants continus, et

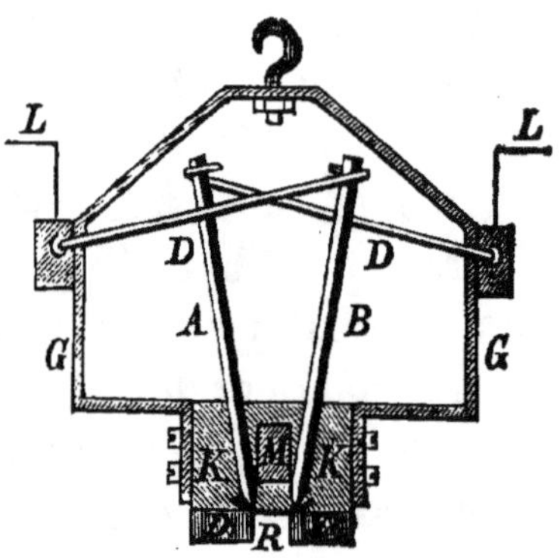

Fig. 84.

produit une lumière très tranquille. Même une très grande variation dans l'intensité du courant, ne produit pas l'extinction de l'arc, parce que la fluidité du marbre forme un bon conducteur pour le courant électrique, de sorte que le courant devrait être depuis longtemps affaibli ou tout à fait interrompu, pour que le refroidissement soit assez avancé pour laisser éteindre la lampe. Suivant que les pointes de charbons sont plus ou moins éloignées l'une de l'autre, la lampe agit comme lampe à incandescence ou comme lampe à arc voltaïque. Pour être complètement à l'abri d'une extinction de lumière, on avait disposé dans le temps deux systèmes dans chaque lampe (voir fig. 85), de sorte que si l'un s'éteignait, l'autre commençait à brûler de lui-même. Une enveloppe de cuivre renfermait cette installation, et la lumière rayonnait à travers le globe fixé au-dessous.

Fig. 85.

Dernièrement cette lampe a été améliorée en ce sens qu'elle a été munie d'un rallumeur automatique. Une description détaillée de ce rallumeur se trouve dans le journal *La Lumière électrique*, tome VII, page 440, dont ce qui suit est extrait.

Le principe de ce rallumeur consiste en ceci : un crayon mince de charbon c (fig. 86), est poussé horizontalement sous le charbon B, jusqu'à ce qu'il ren-

contre le charbon A. Dans ce moment le courant est
fermé, et si l'on retire de nouveau lentement le charbon *c*, l'arc voltaïque se forme d'abord entre A et *c*,
jusqu'à ce que *c* ait atteint le charbon B, et alors l'arc
voltaïque s'établit entre A et B. Pour faciliter le passage
du charbon *c* sous le charbon B et son arrivée au contact avec le charbon A, il est nécessaire de donner aux

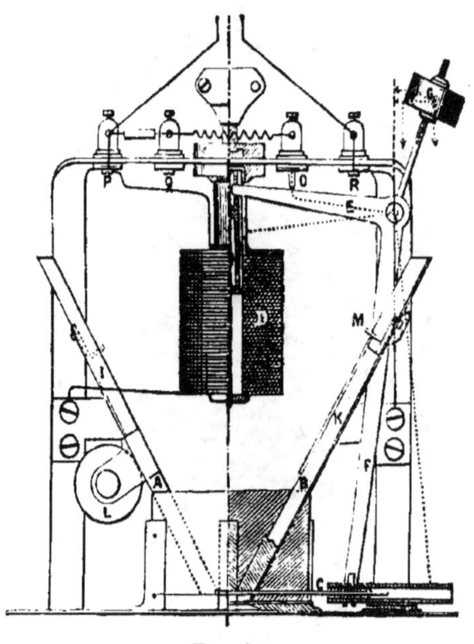

Fig. 86.

deux charbons des coupes transversales différentes,
par exemple, une coupe rectangulaire au charbon A ;
l'extrémité qui brûle reçoit la forme d'une quille tron-
quée. On donne également au charbon B une coupe
transversale rectangulaire, mais interrompue sur un
côté longitudinal par une échancrure presque mi-cir-
culaire. Par suite de la consommation de ce charbon,
il se forme alors une double pointe, dont les pointes
isolées ont presque la forme d'un A et laissent entre

elles un espace suffisamment long et haut pour faciliter le passage du charbon mince c.

La forme des charbons A et B peut du reste être la même, mais il est nécessaire que le charbon A, soit massif dans sa partie du milieu et que le charbon B soit percé à la même place. Le mouvement du crayon de charbon c peut se faire avec la main ou automatiquement.

Le mouvement automatique de ce crayon de charbon est représenté par la figure 86. Il se fait à l'aide d'un solénoïde D qui est placé dans le circuit de la lampe et d'un levier à équerre EF. Le poids G a pour but de tenir en équilibre dans le solénoïde D, le noyau en fer doux H, dont le déplacement permet de régler à son minimum le travail du solénoïde. Quand il ne passe pas de courant par la lampe, le poids G retire le noyau en fer doux H du solénoïde, et amène la pointe de charbon c en contact avec le charbon A. Si dans cette position on envoie le courant dans la lampe, il trouve le circuit fermé par A, c et B, passe par les spirales du solénoïde et celui-ci attire dans l'intérieur le noyau en fer doux H. Par suite, le crayon de charbon c recule vers le charbon B et parvient enfin derrière lui de sorte que l'arc voltaïque jaillit entre A et B. Les charbons A et B brûlent lentement et avancent au fur et à mesure de leur consommation.

Si le courant vient à être interrompu, le solénoïde perd sa force d'attraction sur le noyau en fer, et le contrepoids G met de nouveau le crayon c en mouvement vers le charbon A, jusqu'à ce qu'il le touche, et la lampe est encore une fois allumée. Les charbons A et B sont, en outre des trous percés dans le bloc de pierre qui forme le corps de la lampe, conduits par les guides métalliques I et K. Le courant se rend directement sur ces derniers et parvient de là aux charbons, soit à l'aide de poulies de glissement L, soit par les pointes de contact M. Quand les charbons AB sont brûlés, ou si le crayon de charbon n'est plus en contact pour une cause quelconque avec le charbon A, le levier E rétablit un contact en O. Dans ce cas, la lampe est enlevée du circuit, et le courant, au moyen d'une résistance correspondante à la lampe sortie du circuit, va plus loin. Entre les deux bornes P et Q se trouve une pièce de métal facilement fusible, qui interrompt par fusion le courant quand sa force devient dangereuse pour la lampe.

LAMPE HEINRICHS

Sans entrer dans les détails de l'ancienne construction, nous décrirons de suite le nouveau modèle modifié. Il ne diffère pas quant au principe, des lampes Rapieff, Gérard et autres. Ici aussi on emploie deux paires de charbons et la longueur constante de l'arc voltaïque est obtenue parce que les charbons isolés ne descendent qu'aussi bas que le demande leur consommation, mais les pointes de contact des charbons accouplés restent toujours à la même place en raison des conditions toujours les mêmes de la rencontre de chacune des paires de charbons.

La forme cintrée des crayons de charbon distingue cette lampe des constructions précédentes. Elle a l'avantage de donner à la lampe une grande durée d'éclairage malgré la petite longueur des charbons.

KK représente dans la figure 87 le couple de charbons supérieur positif, qui est, au moyen du support hh mobile autour des points $x\,x$ dans le plan des charbons. Des roues dentées $r\,r$, sont fixées aux axes $x\,x$, dont l'engrenage l'un dans l'autre commande le mouvement régulier des deux charbons KK, de manière que leur point de contact reste toujours au même endroit. Le pignon *rr*, est supporté par un léger rebord fixé sur la bande *s*. Celle-ci est suspendue au bras le plus long *a*, d'un levier rectangulaire, dont le petit bras forme

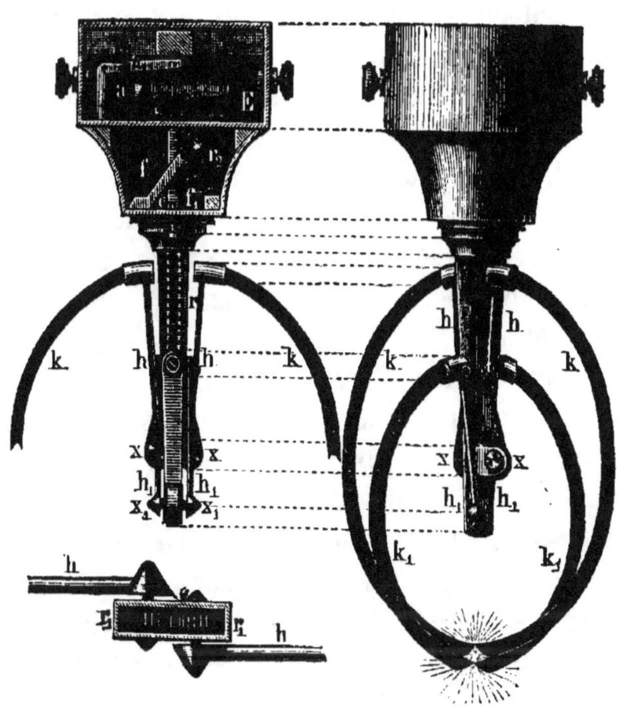

Fig. 87.

l'armature de l'électro-aimant E. Le couple de charbons inférieur négatif K K, disposé verticalement par rapport au couple positif et maintenu par les supports *h h*, est mobile autour des axes *x x*, de la même manière que l'autre couple de charbons. Le pignon du charbon négatif est supporté par un rebord *r* un peu plus grand fixé au châssis de la lampe et isolé. La bobine WW au-dessus de l'électro-aimant est intercalée automatiquement au moment de l'extinction de la lampe et sert à compenser la résistance de l'arc voltaïque.

A l'état de repos de la lampe, les deux couples de charbons sont en contact aux points de rencontre de leurs charbons. Mais si en L_1 il entre un courant dans la lampe, il parcourt l'électro-aimant E, entre dans le couple de charbon supérieur positif, et comme celui-ci est en contact avec le négatif, c'est par le négatif que le courant quitte la lampe. L'électro-aimant E attire aussitôt son armature, soulève le couple supérieur de charbons et établit l'arc voltaïque ; pour éviter un mouvement trop brusque, la tige s est munie de quelques dents qui s'engrènent dans le pignon de la roue r_1, pendant qu'un ressort f presse contre le contour de la roue. L'abaissement des charbons, par suite de leur consommation, se produit de la manière déjà indiquée. Si la lampe vient à s'éteindre, l'aimant laisse tomber son armature et la tige s, et avec elle le couple supérieur de charbons descend jusqu'au contact avec le couple inférieur et rétablit l'arc comme auparavant. Si cet effet cesse de se produire pour une cause quelconque, la lampe est retirée automatiquement du circuit sans troubler les autres lampes qui en font partie. Dans ce but, la bande s porte au-dessous de la roue r_2 une pointe, qui à la descente de la bande, pousse le ressort f contre un contact c, et force le courant à passer par L, par la bobine de résistance WW dans le ressort f_1, par la pointe de contact c vers L et les autres lampes.

Le diamètre du premier charbon comporte 305 millimètres ; celui du deuxième 203 millimètres et la durée de l'éclairage de la lampe est de 20 heures et plus ; elle dépend aussi naturellement de l'intensité de la lumière.

CHAPITRE V

Les charbons pour lampes à arc voltaïque et leur fabrication.

Ainsi que nous l'avons vu dans les chapitres précédents, il ne manque pas de lampes de constructions de toute espèce. Elles ne peuvent toutes, même dans l'hypothèse d'une construction convenable, rendre des services satisfaisants, que si on se sert de crayons de charbon qui répondent également à tous les besoins, comme il a été indiqué précédemment. Davy employa lorsqu'il produisit pour la première fois l'arc voltaïque, des tiges de charbons de bois. On s'aperçut de suite que cette matière était impropre à la production de la lumière par l'électricité. Foucault la remplaça par le charbon de cornue. Celui-ci ne donna également pas de résultats satisfaisants. Les parois intérieures des cornues à gaz étant en contact continuel et intime avec le charbon de terre, la masse du charbon de cornue ne se compose pas régulièrement d'éléments de carbone, mais se trouve mêlée de parties minérales, d'une façon souvent plus ou moins irrégulière. Les crayons taillés dans un charbon semblable ne peuvent donc pas donner une lumière tranquille et régulière, parce que les petites particules de charbon et les matières minérales qui les composent, deviennent incandescentes à des intervalles plus ou moins irréguliers et produisent par

conséquent des intensités de lumière tout à fait dissem-
blables. Les matières minérales produisent de plus un
effet nuisible, parce qu'elles fondent en partie et s'é-
vaporent, donnant à la lumière des colorations diverses et occasionnant la fracture des charbons et le
jaillissement de parties qui se détachent. On se vit
donc forcé de fabriquer spécialement des charbons
pour les lampes. Sans donner ici le nom de toutes les
personnes qui ont eu le mérite de produire des crayons
de charbon convenables, et le nombre en est important, nous n'en citerons que quelques-uns.

Jacquelin essaya la production artificielle du charbon
de cornue en évitant les inconvénients qui résultent
des impuretés provenant des matières minérales. Il prit
du goudron qui, étant un produit de distillation, est
libre de toutes manières non volatiles, et le décomposa
sur des plaques fortement chauffées. Le charbon de
cornue ainsi fabriqué était débité en crayons durs et
denses comme le charbon de cornue ordinaire. Il four-
nit une lumière tout à fait tranquille dont l'intensité
est de 25 0/0 plus forte que celle qu'on peut atteindre
avec des charbons de cornue ordinaire, eu égard à la
même intensité de courant. Malheureusement la production de crayons de charbon formés dans de telles
conditions revient trop cher et demande trop de travail
pour scier en bâtons cette dure matière, et de plus il
se perd une grande quantité de déchets.

Dans ces derniers temps, Jacquelin a indiqué le procédé suivant pour la production de charbon pur : Des
crayons prismatiques de charbons de cornue sont portés à la chaleur blanche et soumis pendant au moins
trente heures à l'action d'un courant de chlore, puis,
pour remplir leurs pores, ils sont, dans un cylindre
en terre réfractaire, exposés lentement aux vapeurs

de l'huile lourde de houille. Les charbons sont aussi traités avec de la soude fondue et lavée à l'eau distillée, pour enlever la silice et les terres argileuses ; puis dans l'acide chlorydrique pour détruire le fer et les terres alcalines. Enfin, on trempe les charbons dans une auge en plomb remplie de un volume d'acide fluorhydrique et de deux volumes d'eau pendant vingt-quatre à vingt-huit heures à 15 ou 20° C, on les lave et on carbonise pendant trois à cinq heures. A proportion égale, les pertes en grammes v des charbons et les clartés h comparée à ceux d'une lampe Carcel ont été pour vingt-quatre heures de production d'arc voltaïque :

	v	h
Graphite Alibert	245.0	55,14
Graphite purifié par les acides . .	232.3	115,62
Charbon de gaz	183.4	71,90
Charbon de gaz purifié au moyen de la soude	273.7	69,44
Charbon de gaz purifié au moyen des acides	203.0	85,75

Les charbons purifiés produisent une lumière constante et les non purifiés une lumière instable.

Carré s'est acquis un grand mérite dans la production des charbons à lumière. A la suite d'expériences longues et difficiles, il est arrivé à un procédé, pour lequel il prit un brevet en 1876. Il y indique un mélange de coke en poudre, du noir de fumée calciné et un sirop de sa composition préparé avec 30 parties de sucre de canne et 12 parties de gomme. 7 à 8 parties de ce sirop sont mélangés avec 5 parties de noir de fumée et 15 parties de coke. Le coke employé à cet effet doit être produit avec la meilleure matière, il faut qu'il soit finement pulvérisé et lavé dans l'eau ou dans un acide chaud. Le mélange est mis en pâte avec un peu d'eau, comprimé, et mis en forme de crayons au moyen d'une presse.

Les crayons ainsi obtenus sont alors placés dans un creuset et exposés pendant un temps assez long à une haute température.

Une seule calcination ne suffit cependant pas pour produire des charbons consistants, ils sont encore trop poreux après cette opération. Pour remplir les pores, les crayons sont introduits dans un sirop très concentré de sucre de canne ou de caramel et cuits dedans pendant deux à trois heures. Pendant cette cuisson on refroidit plusieurs fois très fortement les crayons de charbon, pour que la pression de l'air fasse refouler le sirop dans tous leurs pores. Les charbons sont alors lavés à l'eau pour faire disparaître le sirop qui adhère à leur surface extérieure et soumis à une nouvelle calcination. Ces opérations sont répétées aussi longtemps qu'il est nécessaire pour que les charbons atteignent une densité et une dureté suffisante.

De cette manière Carré obtient des crayons de charbon d'une homogénéité, d'une plus grande dureté que ceux de charbon de cornue, d'une forme plus régulièrement symétrique et de plus ils sont meilleurs conducteurs de l'électricité que le charbon de cornue. Par contre ils possèdent une solidité moindre, mais ils ne forment dans la lumière ni petites flammes, ni irrégularités.

Gauduin a, comme Carré, fait de nombreuses recherches avant de parvenir à produire de bons crayons de charbon. Comme le charbon qu'on obtenait dans les cornues par les procédés ordinaires lui paraissait trop impur, il se décida à préparer lui-même le charbon, afin d'éviter ainsi tout ce qui pourrait porter préjudice à sa pureté. Il employa donc dans la distillation non du charbon, mais de la poix, du goudron, de la résine, de l'huile minérale artificielle et naturelle, etc. Cette opération laisse dans le vase de distillation un charbon plus ou moins dense que l'on pulvérise finement et que l'on mélange avec du goudron. Avec cette matière pâteuse on fabrique les crayons au moyen d'une presse hydraulique.

Fontaine a fait sur les charbons de Gauduin une longue série d'études et d'expériences, il les a comparés avec les charbons d'Archereau et de Carré et est arrivé à constater que les charbons de Gauduin sont supérieurs à ces deux derniers. Il obtint avec du charbon de cornue une intensité lumineuse de 103, avec des charbons d'Archereau et de Carré de 120-180 et avec les charbons de Gauduin une intensité de 200 à 210 becs carcel. Réduits à une section transversale égale de un centimètre carré, l'usure des divers crayons était la suivante :

Pour les charbons de Carré. . . . . 44 mm.
    —   —   de cornue . . . . 49 —
    —   —   d'Archereau . . . . . . 53 —
    —   —   de Gauduin (charbon de
                                        bois. . . 61 —
    —   —   —   n° 1 . . . 78 —

Par rapport à l'intensité lumineuse, cette usure était :
Pour les charbons de Gauduin (charbon de
                                        bois. . . 32 mm.
    —   —   d'Archereau . . . . . 39 —
    —   —   de Carré. . . . . . . 40 —
    —   —   de Gauduin, n° 1 . . . 40 —
    — le charbon de cornue . . . . . . 50 —

Dans ces derniers temps, les charbons fabriqués par Napoli se sont fait une réputation par suite de leur qualité. Napoli emploie pour la fabrication de ses crayons également du charbon de cornue produit exprès, en soumettant du goudron à la distillation sèche. Le charbon est pulvérisé, passé au tamis et soumis dans un récipient à l'action de deux meules. L'addition d'une

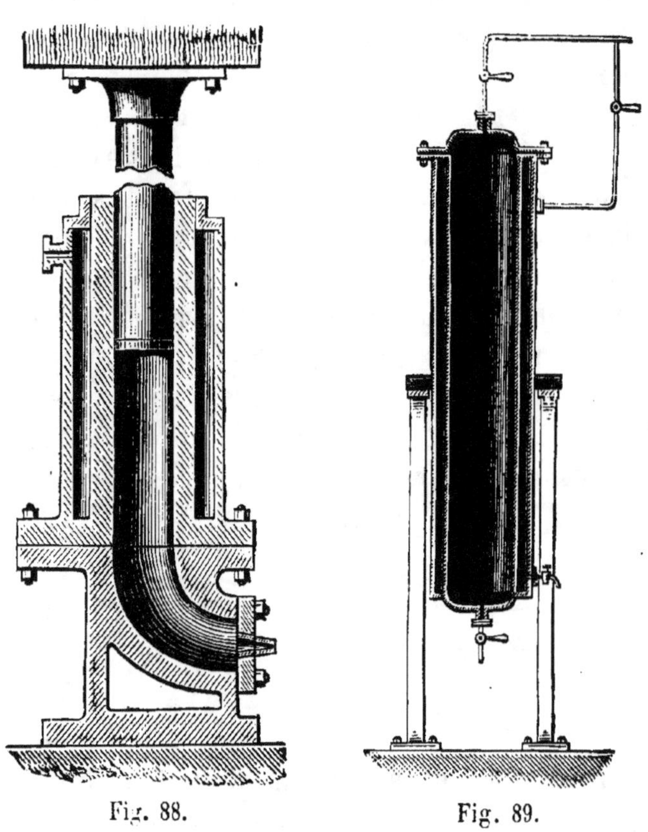

Fig. 88.   Fig. 89.

certaine quantité de goudron et l'action des meules transforment le mélange en une bouillie épaisse et uniforme que l'on place sous une presse représentée en coupe longitudinale par la figure 88. Le cylindre de la presse se compose de deux pièces de fonte assemblées au moyen de vis, dont la partie inférieure est recourbée et munie de trois embouchures. On a jugé nécessaire de courber le cylindre de la presse, parce que, par suite de la viscosité de la matière, la pression ne se transmettrait pas d'une façon régulière et on ne pourrait obtenir un produit homogène. Le cylindre de la presse est enveloppé par un tuyau de vapeur destinée à maintenir la fluidité de la matière pendant la pression, et dans le même but on place sur les embouchures des blocs de fers rougis. La pression est opérée au moyen d'une presse hydraulique.

Les crayons de charbon arrivés à cet état sont alors chauffés progressivement jusqu'au rouge pour décomposer le goudron qu'ils contiennent encore. Il faut que la température soit élevée lentement, pour que la décomposition s'opère successivement et que les gaz aient le temps de disparaître. Les charbons se rétrécissent considérablement par cette opération. Lorsqu'on les a laissés refroidir lentement, on les chauffe de nouveau, mais cette fois jusqu'au rouge clair. Lorsqu'ils sont de nouveau refroidis, ils ont une couleur gris d'acier et possèdent une dureté et une solidité suffisantes. Les lampes usent par heure 75 mm. de ces crayons, tandis qu'il leur faudrait 250 mm. de charbon Carré.

Si l'on désire produire des charbons d'une densité encore plus grande, il faut les saturer encore une fois ; mais cela ne peut pas se faire par une simple immersion des charbons, parce que, par suite de leur densité déjà considérable, le liquide ne pénétrerait plus dans les pores. Ils sont par conséquent placés dans un cylindre enveloppé (fig. 89) par un courant chaud de vapeur, qui chasse d'abord l'air du cylindre et des charbons qui s'y trouvent, puis on y introduit le liquide saturateur au moyen d'un robinet fixé au fond du cylindre. On ferme ce robinet, en ouvrant celui du haut qui rétablit la communication du cylindre avec la chaudière à vapeur et on fait entrer le liquide dans les pores des charbons par une pression de vapeur. On laisse écouler le liquide et on envoie un courant de vapeur dans le cylindre qui enlève aux charbons le liquide qui resterait fixé sur leur surface extérieure et emmène en même temps les hydrocarbures volatils. Pour terminer l'opération, on cuit à nouveau les crayons de charbon ; d'après les expériences d'Uppenborn, la qualité des charbons obtenus de cette manière n'aurait pas encore été surpassée.

Si l'on fait jaillir l'arc voltaïque entre deux crayons de charbon placés de n'importe quelle manière, ce ne sont pas seulement les pointes des charbons qui passent à la température blanche, mais les charbons eux-mêmes deviennent d'un rouge ardent jusque sur une longueur de 7 à 8 cent. Comme cette circonstance est une cause de perte de lumière, on a cherché à remédier à cet inconvénient. On en a trouvé le moyen en recouvrant le charbon d'une légère couche métallique, et on a remarqué que, par suite de la métallisation, la consommation de la force et l'intensité lumineuse ne subissent pour ainsi-dire aucun changement, bien que l'usure soit considérablement diminuée.

Les essais pratiqués dans les ateliers de Sautter, Lemonnier et Cie, par Reynier, en employant des lampes de Serrin et des charbons de Carré ont donné les résultats rassemblés dans le tableau ci-après.

Il résulte encore de ces expériences que la pointe des charbons non métallisés se taille mieux et sur une longueur plus grande qu'avec les charbons métallisés, et que la durée d'éclairage des charbons couverts de cuivre ou mieux encore nikelés, est plus longue que celle des charbons libres.

DIMENSIONS des charbons.	NATURE de la surface.	USURE DES CHARBONS dans une heure.			LONGUEUR de taille des pointes.		Intensité lumineuse en becs Carcel de 8 bougies nominales.
		au pôle + m/m	au pôle — m/m	Total m/m.	positifs.	négatifs.	
Diamètre = 7 m/m.	libre.	166	68	234	53	23	947
Coupe transversale	cuivré.	146	40	186	24	10	947
= 38.46 m/m carrés.	nikelé.	106	38	144	12	7	947
Diamètre = 9 m/m.	libre.	104	50	154	45	22	528
Coupe transversale	cuivré.	98	34	132	27	7	553
= 63.61 m/m carrés.	nikelé.	68	36	104	21	7,5	516

APPENDICE

Lampe électrique à incandescence dans le vide de M. A. Gérard.

Cette lampe se distingue de ses similaires autant par la disposition spéciale de son charbon en forme de triangle, que par la nature même du charbon qui le constitue, et qui n'est ni un filament végétal ni un fragment de carton carbonisé.

Ce triangle est formé par deux petits crayons faits avec du charbon pur, porphyrisé, aggloméré et passé à la filière, dont les extrémités supérieures sont réunies par une petite boule de même matière.

Les procédés employés par M. Gérard pour obtenir du charbon, qui, bien que passé à la filière possède cependant les qualités nécessaires, pour constituer une bonne lampe à incandescence dans le vide, ne sont point suffisamment connus pour que nous puissions les décrire ici, mais les nombreux essais que nous avons faits nous-même pendant un temps assez long sur 25 lampes de 50 bougies, nous permettent de dire que cette lampe possède réellement des qualités que nous n'avons pas rencontrées dans celles d'autres fabrications que nous avons essayées jusqu'ici. Bien que nous ayons constamment maintenu ces lampes à la lumière blanche elles ont parfaitement résisté, et nous n'avons eu à subir aucune rupture des charbons comme cela arrive malheureusement trop souvent avec toutes les lampes dont les charbons sont en forme de fer à cheval, lorsqu'on veut les maintenir quelque temps au delà de la lumière jaune. Nous pensons devoir attribuer cette résistance autant à l'homogénéité parfaite du charbon dans toutes ses parties qu'à la manière spéciale dont il est disposé et qui évite toute courbure et par suite tout commencement de dislocation du charbon.

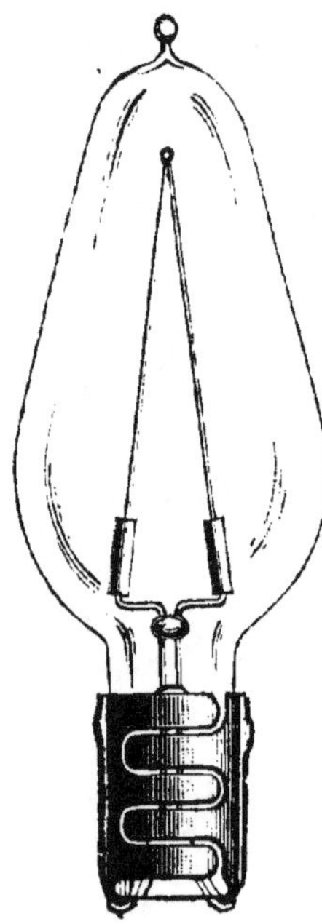

Fig. 90.

Cette disposition permet en outre de construire facilement des lampes de toutes les puissances et en effet M. Gérard fabrique couramment des lampes de 50, de 100 et même de 1000 bougies.

Quant à l'énergie qu'elles demandent pour produire une lumière déterminée, le lecteur comprendra facilement que pouvant être poussées vigoureusement sans trop de danger pour leur constitution, ces lampes puissent fournir la lumière avec une dépense relativement faible, et en effet, dans ces expériences que nous avons faites, nous avons obtenu régulièrement une lumière équivalente à 50 bougies avec une dépense effective de 10 kilogrammètres, 3 ampères sur 35 volts. Ces lampes sont cependant peu usitées en France, mais il paraît qu'en Alsace et en Suisse elles jouissent d'une certaine faveur.

La figure 90 qui accompagne cette description permettra au lecteur de se rendre compte de l'aspect général de la lampe Gérard.

Lampes à incandescence à air libre.

Le premier brevet pris par M. Reynier est du mois de février 1878 et c'est véritablement de cette époque que date l'apparition des lampes électriques à incandescence à l'air libre dont l'invention ne saurait être contestée à M. Reynier. La lampe ou pour parler plus exactement, le crayon incandescent de M. Varley n'avait aucun des caractères qui peuvent constituer un mode d'éclairage et quant aux inventions de MM. Werderman, Trouvé, Ducrétet, etc., ce ne sont que dispositifs qui ont tous pour point de départ le principe décrit par M. Reynier dans le brevet sus-indiqué qui du reste renferme déjà toutes ces dispositions ou à peu près.

Ce mode d'éclairage est cependant pour ainsi dire presque abandonné aujourd'hui; nous croyons cependant qu'il est appelé à prendre une grande part dans l'éclairage électrique. Des raisons diverses ont motivé cet abandon momentané; pour ne parler que de celles d'ordre technique, le rendement photométrique était faible et certains de leurs organes réclamaient des soins souvent incompatibles avec les nécessités de la pratique.

Ces défauts, propres à un système de lampes et aux dispositifs qui lui ont été donnés, ne sont point cependant inhérents aux procédés même de l'incandescence à l'air libre, aussi M. Reynier a-t-il cherché, dans la même voie, des systèmes nouveaux, donnant comme l'ancien une lumière blanche et fixe, et dans lesquels les défauts reconnus aux anciennes lampes soient éliminés ou atténués :

Sans nous occuper ici du premier système de M. Reynier dont la description détaillée se trouve dans le corps de cet ouvrage, nous abordons immédiatement la description de ses nouveaux moyens.

Deuxième système. Étant donné un conducteur électrique on peut augmenter beaucoup sa résistance en le coupant transversalement à diverses places; l'accroissement de résistance est d'autant plus considérable que les sectionnements sont plus nombreux et moins pressés.

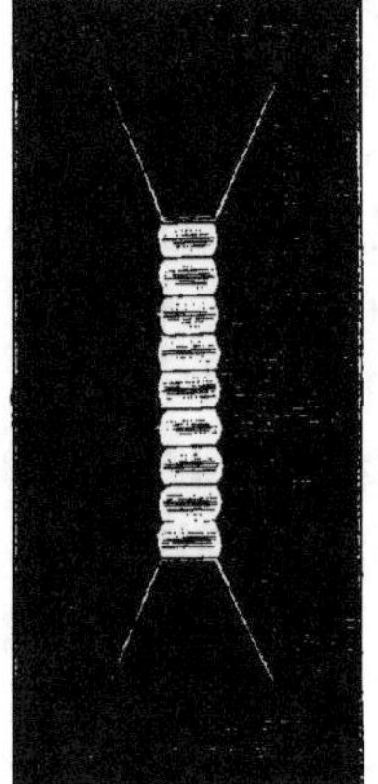

Fig. 91.

La figure 91 montre un conducteur en graphite, composé d'un certain nombre d'assises superposées, modérément serrées entre deux contacts.

La combustion, dans l'air, du carbone incandescent oblige à renouveler la matière de l'organe lumineux. Voici comment on y parvient : Le conducteur sectionné se compose des extrémités convergentes de plusieurs baguettes de charbon qui viennent coincer les unes contre les autres entre les deux contacts A et B, fig. 92. Chaque baguette est parcourue transversalement et à son extrémité seulement par le courant électrique. Le renouvellement compensateur de l'usure s'opère par la progression continue des charbons qui coincent les uns sur les autres, comme les voussoirs d'une voûte, dont les pièces de contact seraient les sommiers.

Cette disposition n'est réalisable qu'avec des charbons très minces dans le sens transversal; avec des charbons de section ronde ou carrée il faut que le conducteur sectionné dessine une ligne brisée, de façon à ce que le courant, traversant obliquement chaque bout de baguette, ne laisse aucune pointe hors de circuit.

La fig. 93 représente une lampe électrique construite sur cette donnée.

Les charbons, guidés entre deux plaques en *lave volcanique*, sont respectivement poussés vers l'embouchure de la lampe par des poids inégaux, glissant dans des rainures pratiquées dans un triangle de laiton.

Cette lampe fonctionne bien.

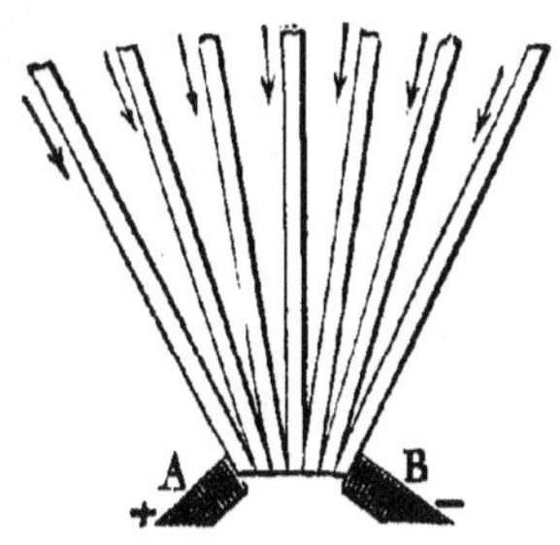

Fig. 92.

Troisième système. On utilise ici la taille amincie des charbons qu'on a observée dans les deux systèmes précédents.

On prend deux baguettes de charbon amincies par un bout que l'on place dans un même plan, presque parallèles l'une à l'autre, les points en regard et que l'on rapproche jusqu'à ce qu'elles se touchent. Les pointes étant libres on peut les faire buter sur deux contacts, et obtenir ainsi un système incandescent dans

Fig. 93.

lequel le courant électrique parcourt successivement, en sens inverse, les deux bouts amincis, en passant de l'un à l'autre par leur contact latéral mutuel.

Pour maintenir les choses en cet état, malgré la com-

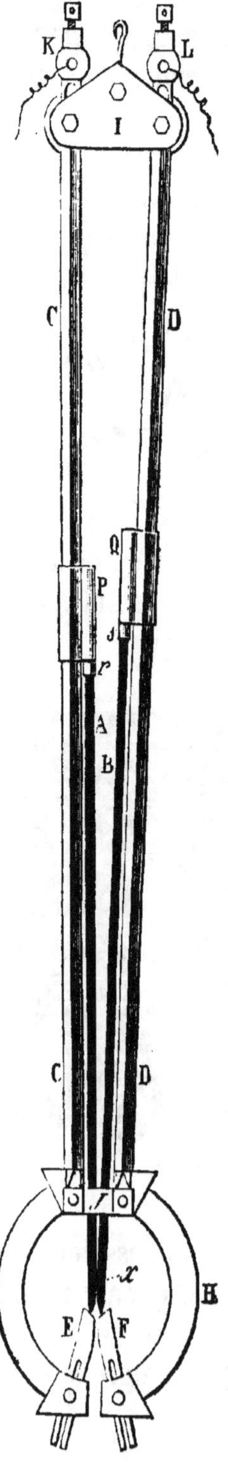

Fig. 95.

Fig. 94.

bustion des pointes, il faut pousser continuellement les charbons dans le sens de leur longueur et donner aux contacts-butoirs une obliquité convenable (fig. 94); les baguettes doivent être aussi guidées dans leur plan commun. La figure 95 représente une des formes pratiques données à l'appareil. Les charbons **A** et **B** sont respectivement poussés par les poids **P** et **Q**, glissant sur deux guides métalliques C et D. Les contacts obliques E, F, sont deux lames de cuivre fixées sur les arcs de bronze G, H. Deux paires de brides I et J relient les deux moitiés de la lampe; la première paire est en bois, la seconde est en ardoise et forme une fente réfractaire qui guide les deux charbons dans leur plan commun.

Les poids P et Q sont isolés des charbons qu'ils poussent par les chapeaux d'ivoire R et S.

Le courant électrique, entrant par la borne K, suit le guide en laiton C, l'arc G, le contact E, remonte l'extrémité amincie du charbon **A**, franchit le contact **X**, redescend par le bout du charbon **B**, et suit le contact **F**, l'arc **H** et le guide **D**, jusqu'à la borne **I**.

Les deux contacts-butoirs font peu d'ombre; le troisième contact ne cause aucune perte de chaleur ou de lumière et accroît utilement la résistance totale de la lampe.

L'appareil est simple, d'un maniement facile, d'une forme étroite et symétrique qui lui permet de trouver place partout.

Du reste on peut trouver des dispositions encore préférables, et M. Reynier nous a montré des appareils qui nous feraient croire que la lumière à incandescence à l'air libre est appelée à remplacer tous les systèmes de bougies et de régulateurs, même pour les foyers les plus intensifs.

Régulateur Gramme

Nous devons à l'obligeance de M. Hippolyte Fontaine les renseignements qui suivent sur le fonctionnement de ce régulateur.

L'inventeur des machines dynamo-électriques industrielles, M. Zénobe Gramme, a combiné un régulateur extrêmement ingénieux qui est aujourd'hui répandu à plusieurs milliers d'exemplaires, bien qu'il ne soit né que depuis quatre ans.

Ce régulateur est, comme tous les appareils similaires basé sur le magnétisme engendré par le courant même qui fait jaillir la lumière entre les deux pointes de charbon; seulement il possède un organe tout à fait original nommé *électro-aimant intermittent ;* lequel organe assure un réglage parfait, une lumière d'une fixité absolue.

Pour que la lumière soit de même intensité il faut que les deux charbons soient bien homogènes et que leur écart soit toujours constant. Tout le problème est là : employer de bons charbons et rapprocher constamment les pointes l'une de l'autre, au fur et à mesure qu'elles s'usent. Le régulateur n'a pas d'autre fonction que celle de conserver le même écart entre les charbons, ou ce qui revient au même à donner à l'arc voltaïque une longueur constante pendant toute la durée de l'éclairage.

Essayons d'expliquer le principe commun à toutes les lampes voltaïques communément appelées *régulateurs*.

Lorsque l'écart des charbons augmente, l'intensité du courant diminue et l'inverse a lieu quand les charbons sont trop rapprochés l'un de l'autre. Comme le courant passe dans l'électro-aimant avant d'arriver aux charbons, cet électro est puissant ou faible suivant que l'arc est petit ou grand. De sorte que l'armature du dit électro, sollicitée d'un côté par un ressort et de l'autre par la force d'aimantation, s'éloigne ou s'approche des pôles suivant que l'arc est grand ou petit. Dans son mouvement l'armature soulève un coin ou déclanche un mouvement d'horlogerie, ce qui permet à l'un ou aux deux porte-charbons de se mouvoir dans le sens voulu pour ramener les pointes à une position convenable.

Nous insisterons sur ce point qui, une fois bien compris, permettra de se rendre compte de tous les mécanismes contenus dans les régulateurs électriques.

Une armature, ou petite pièce de fer, est tirée d'un côté par un ressort dont l'effort est invariable et de

l'autre par l'action magnétique d'un électro-aimant.
Dès que, par suite d'un affaiblissement du courant,
résultant d'un agrandissement de l'arc voltaïque ou, ce
qui revient au même, résultant de l'usure
des crayons, le ressort entraîne l'armature et dans son mouvement, celui-ci agit
sur un mécanisme qui rapproche les
crayons.

Or, il arrive que, lorsque l'armature
s'éloigne des pôles magnétiques l'influence de ceux-ci diminue beaucoup,
l'équilibre entre le ressort et la force
magnétique se trouve donc détruit pendant un certain temps et ce n'est généralement qu'après une série d'oscillations
que l'équilibre se rétablit tout à fait. Ce
phénomène qu'on rencontre dans presque
tous les régulateurs et notamment dans
les appareils à force centrifuge, donne
naturellement de petites irrégularités
dans le fonctionnement des porte-charbons et par conséquent dans l'intensité
lumineuse.

Pour combattre cet inconvénient,
M. Gramme a introduit dans son régulateur un organe qui a pour mission d'interrompre le passage du courant électrique dans l'électro-aimant dès que
l'armature fonctionne. L'électro-aimant

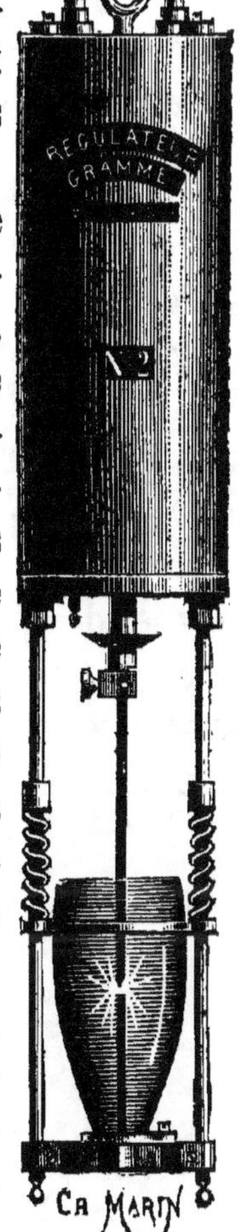

Fig. 96.

devient alors inerte et l'armature se remet à sa
place primitive ; puis, instantanément, le courant est
renvoyé dans l'électro pour exercer à nouveau sa puissance antagoniste en face le ressort. De cette manière
l'équilibre est toujours obtenu et les petites variations

lumineuses sont évitées. En pratique, on opère avec une dérivation du courant au lieu d'opérer avec le courant total, ou mieux, M. Gramme établit deux électro-aimants; l'un qui a pour mission d'éloigner les charbons l'un de l'autre au début de l'éclairage et l'autre de les maintenir à une distance constante pendant toute la durée de la marche de l'appareil. Le premier reçoit tout le courant; le second n'est traversé que par une dérivation de ce courant. Parmi les principales applications du régulateur Gramme, nous citerons: l'éclairage des ateliers Cail, Farcot, Hermann-Lachapelle, Ducommun, Forges et chantiers de l'Océan, Sautter et Lemonnier, Artillerie de Bourges; la gare de Zurich; la belle promenade de la jetée à Barcelone, le ministère de la guerre à Madrid, les glacières de Paris, etc., etc.

L'inventeur construit trois types de régulateurs. Le premier de 500 becs, le second de 135 becs et le troisième de 50 becs. Notre dessin représente un régulateur Gramme numéro 2, celui dont l'usage est le plus répandu.

FIN

ANGERS, IMP. BURDIN ET Cie, RUE GARNIER, 4.

www.ingramcontent.com/pod-product-compliance
Lightning Source LLC
LaVergne TN
LVHW021435170726
843501LV00005B/1347